幸福时代的曙光
DAWN OF AN ERA OF WELL-BEING

通往美好世界的新途径
NEW PATHS TO A BETTER WORLD

【匈】欧文·拉兹洛 曹慰德 著

黄君梅 译

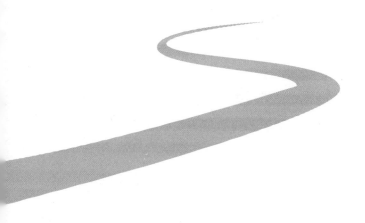

厦门大学出版社 | 国家一级出版社
XIAMEN UNIVERSITY PRESS | 全国百佳图书出版单位

图书在版编目（CIP）数据

幸福时代的曙光：通往美好世界的新途径／（匈）
欧文·拉兹洛，曹慰德著；黄君梅译. -- 厦门：厦门
大学出版社，2023.3
　　ISBN 978-7-5615-8746-1

Ⅰ．①幸… Ⅱ．①欧… ②曹… ③黄… Ⅲ．①世界观
形成－研究 Ⅳ．①B821

中国版本图书馆CIP数据核字(2023)第033658号

出 版 人	郑文礼
责任编辑	林　鸣

出版发行 厦门大学出版社

社　　址	厦门市软件园二期望海路 39 号
邮政编码	361008
总　　机	0592-2181111　0592-2181406(传真)
营销中心	0592-2184458　0592-2181365
网　　址	http://www.xmupress.com
邮　　箱	xmup@xmupress.com
印　　刷	湖南省众鑫印务有限公司

开本	889 mm×1 194 mm　1/32
印张	5.25
字数	125 千字
版次	2023 年 3 月第 1 版
印次	2023 年 3 月第 1 次印刷
定价	58.00 元

厦门大学出版社
微信二维码

厦门大学出版社
微博二维码

思与行的新范式

这本书中讨论的新范式对人类生活的各个方面都会产生影响,对疗愈与健康的影响尤为重要。为所有人创造更高水平的幸福,需要运用一些工具,而新的科学分支正在研究、开发和打造这些工具。人类的世界观需要在基本方面达成一致,这一点至关重要,因为人类所经历的冲突源自价值观、信仰和认同感方面的分歧,需要一个共同的叙事来指引共同进化。当我们对生活的基本愿望达成一致时,就可以创作出这样一个共同的叙事。常识已经成为当今世界最罕见的感知,当我们重新关注自己的生活方式时,它将再次回归,毕竟生活质量是我们所拥有和将拥有的一切的基础。

人类现在拥有决定自己命运的能力,我们的任务不是预测未来,而是创造未来。全球性流行病造成的混乱和危机,使我们现在能够将意识的转变作为向新世界转变的必要条件。首先,我们必须先确定这一转变的方向不会回到旧的模式,而是推动人类走向一个新世界。人类需要觉醒,意识到大自然赋予了我们这次机会,并确保不会违背进化的趋势，如果违背了这一趋势，人类终将自食其果。

我们有充分的理由相信，人类会抓住这次为我们开启的机会。世界正在觉醒，人类意识到一切都与过去大不相同。通过这次全球性流行病及其引发的各种状况，世界也随之发生了深刻的改变。就好像被困在一个不再属于我们的身体里，人们拼命挣扎想摆脱束缚，然而又很害怕；又好像坐在越来越热的水里，朝着一个方向移动，然而别无选择，只能拼命挣扎着跳出来或被烫死。

目前已有迹象表明，人类正在觉醒。联合国的宗旨是将世界各国团结在一起，在管理其成员国事务的目标方面，正在产生新的共识。从制定《千年发展目标》开始，联合国进一步完成了《可持续发展目标》，呼吁建立新的经济范式，用以幸福快乐为中心的经济哲学取代资本哲学的传统目标。我们目前处在这样一个时代，人类已经认识到全球性世界观变化的现实，并努力应对这些转变。商业和消费趋势，同时伴随着健康行业的发展，都反映了这一转变。

也许在这个过程中，最重大的成果是技术革命的突飞猛进，以及一门关于意识和生命的新科学的出现。这些为创造一个幸福新时代铺平了道路。世界正在加速变化，今天，在眨眼之间，我们就可以获得世界各地的新闻；然而，我们也面临着这个时代的挑战，即如何利用变革的机会来探索使人类大家庭所有成员幸福的条件。我们需要一个系统，管理地球上的生命。

我们正在改变，但如何改变？要走向哪里？许多人说我们正在走向一种新的常态。但在既定意义上，常态是为保护自己不受变化影响而采取的措施。这次全球性流行病是一个很好的契机，使我们在被迫的停摆中，反思如何克服旧常态，找到一种新常态——幸福和繁荣的常态。利用这样一个机会，我们可以好好思考一下，生活中真正重要的是什么。好好审视我们的行为和生活的目的。突然出现的剧烈停摆让我们有时间思考应怎样去生活，并认识到什么才是生活中的头等大事。

环顾四周，感受媒体和每日新闻中出现的变化脉络时，我们意识到，在表面冲突、危机和周期性灾难的背后，也显现出一些积极的趋势，我们需要承认和强化这些趋势，同时还必须认识到那些构成生命基础和世界基础的内部联系。人类是世界的一部分，只有这个世界本身完好无损（基本上完整）时，人类才能在这个世界上过得很好。在这个世界上，完整是一个基本因素，心理科学和传统文化实践中的智慧已证实了这一点，现在同样被科学前沿的真知灼见所证实。

本书中，我们将探索这样一种范式——能让我们认识到在全球日常冲突和分裂状态下的完整性。这一范式是当代自然科学前沿许多卓越见解融合的结果，考虑到量子科学在阐明这一范式方面的开创性作用，我们称其为"量子范式"。这是一种基础的思维模式，在人类踏上征程，探索进入新的更美好世界的途径时，为我们提供可靠的指导。

我们先勾勒出这个范式所描绘的世界轮廓，然后从西方科学化角度和东方精神化角度，探索创造幸福时代的途径。

自序

　　本书旨在探索创造一个更美好世界、一个幸福时代的新途径。作者和撰稿人探讨了以当代科学为基础的典型的西方途径，以及以传统为基础的、目前正在积极复兴的中国和普遍的东方途径。受邀的思想领袖们还进一步探索了更多的创新方案，所有这些途径和方法，最终得出的结论是：世界是一个"整体"，这是实现人类幸福的必要基础。

　　今天，人类面临着许多重大挑战：自然资源的可持续性、气候变化、财富分配不均、社会结构的崩溃、人工智能的影响，当然还有流行病的威胁。COVID-19全球大流行就是一个很好的例子，说明了宇宙如何不间断地进行自我平衡，以抵消与其自然能量相矛盾的力量。在中国文化中，自然能量被称为"道"。病毒肆虐的一个影响是，我们放慢了脚步，迫使自己进行反思，让自己看到变革的必要性，看到一个新常态不仅有必要，而且迫在眉睫。这场危机同时也显示了，如果选择一种新的方式，我们可以治愈疾病：我们在家里办公、学习、反思，不仅看到外部世界的混乱，还清醒地认识到造成混乱的分裂，也在分裂中产生出一种全新的统一的能量，人们不顾经济或政治压力，共同应对病毒问题的全球挑战。我们意识到，如果不受干扰，地球可以自我疗愈，而用心生活和感知幸福是恢复平衡所需要的。以一个全新的、更值得信赖的世界观为基础，实现全球一体化和人类文明升级的时代已经到来。

这里需要重点强调的挑战，是人类的可持续性。目前在全球流行的疾病将这一挑战骤然抛在了我们面前，我们比以往任何时候都更加清醒，要么改变，要么灭亡。世界观是文化的基础，危机给我们提供了一个机会，形成一个新的世界观，与之相关联的有传统和现代、东方和西方、科学和灵性。借助于古代智慧和当代科学发现所赋予的技术和新的世界观，我们可以创作出新的叙事，见证一个更美好时代的曙光。

显然，我们正处于一个十字路口，面前有两个选择：要么沿着因分裂和分离而危机重重的道路继续前进，要么重新找到一条通往团结、幸福和繁荣的道路。各个层面都需要发生变化：个人的改变、社会的改变，以及意识的改变，因为意识定义了我们是谁，应该做什么。要避免导致最严重后果带来的更大危机，我们就必须在所有层面实现建设性的变革。

我们很容易产生一种混乱感，但混乱中存在着无数的可能性：人类彼此相连、与自己的根重新连接、实现意识的转变。现在我们有可能着手为人类家庭创造一个全新的、更好的时代，一个以个人和集体幸福为标志的时代。

这一使命和可能性激发了本书中提出的一些观点。作者希望，也期待着，当人类社会开始着手建设的一个更美好的世界，如凤凰涅槃一般从全球危机中崛起时，这些观点和方法将被证明具有实践价值。

现代科学为我们面临的重大问题找到了新的答案，然而新的问题的数量增长得更快，最终导致的结果是无知超过了有知。乍一看，这似乎自相矛盾，就像是学习一门外语，不认识的单词突然增加了一倍，这会让人感到很困惑。

这一矛盾背后有一个原因，即科学所带来的问题多于答案。正如本书作者欧文·拉兹洛和曹慰德所详尽解释的那样，物理主义方法总存在着致命的缺陷。长久以来，多亏了牛顿、达尔文和爱因斯坦等杰出的思想家，这一缺陷才得以避免。由于我们专注于物理世界，不断取得的进步掩盖了科学无法解释的人类存在的另一面，即人类思想意识的世界。

我们在有生之年，为什么会自食其果？这并不是运气不好或是一场意外。相反，物理学变得如此复杂，以至于我们发现自己在探索空间、时间、物质和能量创造的边界；与此同时，神经科学正处于绘制人脑万亿次连接图谱的边缘。但在这两个领域，没有人知道如何进行下一步的探索。无论人类对宇宙或大脑已经进行了多么细致的研究，都无法让物质也学会思考。有人开玩笑说，相信物质可以转化为思想就像要求一副扑克牌来学习如何打扑克。

令人尴尬的是，我们离科学如此之近，只差一点点就能获得大奖（即得出所谓的"万物理论"），却突然发现它又比以往任何时候都要遥远，就像魔术师伸手去抓藏在帽子里的兔子，却发现兔子早已跑了。这本书的目的是通过完成你需要做的事情来拯救科学的未来，认识到现实的两个部分——"在那里"的世界和"在这里"的世界——都属于一个整体，而这个整体是建立在思想意识的基础上的。

由于拉兹洛和曹慰德的工作很系统、很完善，我只想就未来世界观的一个方面发表看法，我将重点讨论一个词，即"空间"，这个词是解释多个谜团的钥匙。几个世纪以来，你想回答的任何问题，人们都会告诉你完全依赖于一个词。在信仰盛行的年代，这个词是"上帝"，而今天，是"科学"；除此之外，有可能还有其他词也很受欢迎，"原因"很常用，"爱"也如此。"你需要的只是爱"是披头士乐队一首感人肺腑的歌的歌词，而在问题的另一端，宇宙学家们正在寻找一种万物理论，以集结自然界的基本力量，他们把希望寄托在他们最中意的词——"数学"上。

但综合多方面的考虑，"空间"是这样一个词，满足了爱、理性、上帝和科学相互之间的冲突。空间让我们可以接纳所有这一切，这是争论的症结所在。每种看法之间都有一个缺口，将心理活动划分为个体的感受、图像和想法。间隔使得分隔开的单词更易于理解，我们居住在一个不喜欢被打扰的私人空间里，外层空间包含了创造出来的每一个实物，内在空间是心灵的领地，这二者之间，"在那里"和"在这里"包含了所有的存在。

事实上，甚至每个字母都定义了它与前后字母之间的空间，犹太神秘主义者谈到圣经中希伯来字母与"其他字母"之间的间隔。那么究竟是什么赋予了空间真正的力量呢？这个问题至今仍是个谜。思想之间的鸿沟不是空的，它是思想的子官，没有人知道思想从何而来，但这个鸿沟的位置一定不存在思想。艺术家的思想不是一幅幅画的集合，而是未作之画的来源，所以空间是可能存在的地方（将思想称为空间流传已久，可以追溯到梵语术语 Chit-Akash，其中 Akash 的意思是空间，Chit 是清醒的意识）。

但是空的空间里怎么可能有东西，更不用说有万物了。这个问题，一个正常思考的大脑无法回答，因为思考是一个过程，它将你从纯粹的空间（纯粹的意识）射入大脑繁忙运转的活动中。这听起来像是形而上学，但在你身体内部的空间里有一条诱人的线索，它离本原更近。显微镜的发明，让我们看到人体是由细胞组成的，仔细观察，我们会发现每个细胞都来自一个先前的细胞。但我们的体内是否只有细胞，一个巨大、紧密排列的细胞团而没有其他？不，虽然许多细胞紧密地聚集在一起，但也有很多并非如此。

有些细胞之间有空间（例如，在皮肤中，这些空间让你的身体能够吸收水分），但有些细胞之间没有（消化道黏膜紧密结合在一起，以便严格控制流入和流出）。毛细血管周围有更大的空间，毛细血管是最小的血管，营养物质被输送到细胞，细胞的废物被带走。这些空间被称为间质空间，字面义是"中间"，将所有这些空隙连接在一起的是由不同类型的胶原蛋白和其他大分子组成的纤维组织，它们或坚硬或有弹性，让体内的物质停留在原位，并在需要时移动位置。

当我们想到空间，自然而然认为是空的，将物体隔离开来。在显微镜载玻片上，间质空间看起来的确是空的，但内部充满了液体和分子。它们可能导电，而且其中有一些细胞通过电存活和传播。从宇宙尺度上看，外层空间也不是空的，而是比宇宙中可见的任何东西都更有活力。万物中没有任何东西是与其他事物不相关的，当人们要求一群物理学家和宇宙学家说出一个他们都认同的概念，答案是"无界性"。对于量子物理学家来说，物质世界有更深的层次，在那里除了量子场中不可见的波或涟漪之外什么都不存在。

这些涟漪没有边缘或边界。据说它们瓦解是为了在物质领域中显现，这样人类便可以看到、触摸到和展开研究，但宇宙的真正子宫被称为数学空间（希尔伯特空间）。数学似乎定义了终极空间，但还有一步要走，数学仍然是思考出来的结构，除非能够超越这个结构，否则我们不能声称已经找到了终极空间。所有的迹象最终都指向某种"元空间"，人们一致同意称其为"意识"（尽管许多科学家仍然局限于唯物主义，宁愿把意识排除在讨论之外）。意识与外层空间如此不同，以至于不清楚为什么用"空间"来描述意识，事实上，"空间"这个词只是让我们对事物有一个大致了解，是一块地方，而实际上，没有任何词语能够描述意识。

意识先于思想，人们不一定需要思考才能意识到。婴儿头脑中没有任何语言，但他们依然有很强的意识。公平而言，意识是自我意识，不需要其他任何东西，也不需要复杂的哲学解释或宗教教义。你此时此刻就在这里，活生生的。活着的同时，随之而来的是思考、感觉和行动，这些都很基础，所以我们很少去谈论它，但我所触及的问题（即生命、宇宙和万物）发生在我们所知的"意识"空间里。纯意识什么也做不了，看不见，很隐秘，拥有无限多的可能性，而这些可能性有可能成为现实。

因为有了这个被称为"意识"的空间，无论人类有多少想法、情感、艺术作品、梦想、发现和幻觉等，都会留存下来，像宇宙一样，有无限的可能性。我们想找到答案，原因都是同样的：向我们自己解释自己。

本书展示了如何通过自我认知来获得未来，这极有必要。在书中，作者欧文·拉兹洛和曹慰德等为我们解开了许多谜团，指引我们走向更美好的世界，更重要的是，他们指出了一条通往新的意识范式的途径，可以治愈病体缠身的地球。而没有意识的飞跃，我们是做不到这一切的。

狄巴克·乔布拉

2021 年 10 月 19 日

目录

第一部分

向新世界转变：
量子范式的相关性

第 **1** 章

CHAPTER 1

新范式兴起的背景

　　我们所处的时代——工业时代，以基于科学的世界观为标志，然而，科学在进步，基于科学的世界观也必须随之改变，而且这一变化如今迫在眉睫：传统但仍占主导地位的观点已经过时，它以身体和精神、科学和灵性的二元范式来构想世界，在这种范式下，科学与灵性相对立，物质现实支配甚至排斥意识。人类需要转变观念，克服这些二元论，提供一个完整的视角来看待自然、生命和意识，这是新范式所支持的世界观，是基于量子科学前沿的洞见。

　　本书的第一部分，我们将概述新的量子范式所勾勒的世界轮廓，在当代思想整体演变的背景下探讨这一范式。

从第一次工业革命到第四次工业革命的世界观演变

意识是新范式的决定性因素。新范式的世界观使我们超越了被称为第一次工业革命的第一次现代革命的界限。

虽然第一次工业革命早在 1760 年就开始了，但它对人类生活和社会的影响巨大而深远，对即将到来的时代也依然有着广泛的影响。工业革命带来了重大的技术进步，尤其体现在发明了那些满足工业和消费品需求的机器方面。这是一个以牛顿科学为特征的时代，以一种机械论、决定论和唯物论的范式，推动了工业化的传统进程。在这场革命中，工程和技术取得了巨大进步，资本主义制度得以发展。

从 20 世纪末到 21 世纪的第三个十年，当人类进入第四次工业革命时，牛顿范式显然不再能够满足人类的需求。人口爆炸、社会歧视、经济差距、地缘政治不稳定、宗教冲突、自然灾害和健康危机，所有这一切都指向一个以牛顿力学范式为基础的世界所面临的危机。

第一次工业革命的基础是蒸汽的利用，随后是以电力的使用为基础的第二次工业革命，紧接着是以信息为基础并受到信息科学发展推动的第三次工业革命，信息革命现在已经发展到如此程度，技术进步使得机器的发明在速度和精度上都超过了以往。技术的进步代表着以人工智能为标志的第四次工业革命的到来，第四次工业革命将继续重塑技术并彻底改变地球上人类的生活，模糊物理、数字和生物系统与过程之间的界限。

现在人类已经进入第四次工业革命，我们的生活更加动荡不定，存在全球变暖，种族主义，政治和气候难民，空气、水和土壤中二氧化碳和毒素的积累，以及许多可能出现的潜在危机。如果不想遭受多重危机带来的无法预见的后果，那么就必须反思我们是谁，以及如何与周围的世界和谐相处。我们需要提出深层次的存在主义问题，并跟进解决这些问题，找到最佳答案。人类必须意识到，今天所做的选择是针对问题本身，而不是其表面症状，我们必须停止尝试采取权宜之计——那些仅仅为了填补最明显的漏洞，而不是改变造成问题的结构、制度和过程的措施。

我们无法将一个为机械的世界观服务的系统纳入一个完整的非机械的世界观内，就像无法把一个方形的钉子嵌入一个圆孔。我们必须建立新的结构和制度，而不是试图修补旧的、破碎的制度。我们需要推动和阐述清楚第四次工业革命。这场变革不仅在技术上，而且在世界观上，尤其是在人类意识结构上，形成了一场革命。

新文化诞生的迹象

社会创造性边缘的一些运动表明，人类即将超越第四次工业革命的界限。这些运动预示着一种全新文化的诞生，在此背景下，文化意味着价值观、世界观和愿景的集合，所有这些塑造了一个群体的特征，并使其区别于其他群体。

今天，人类的生物习性与历史记载中的相同，但其文化却大不相同。每个社会都有其独特的文化，这种文化代代相传，到了我们这个时代，在活着的一代人的有生之年，文化也在发生变化。新兴的文化很少是清晰、独特和无争议的，通常被分割成若干层次。现今有青年文化、学术文化、传统文化、单一生活文化，等等，主流文化位于中心，边缘是各种亚文化。

现阶段，各种各样的亚文化在边缘区域诞生、消亡，它们中的一些很有希望成功。最有前途的亚文化是那些摒弃过时的理念、摆脱过去的束缚的人开创的，这些文化的主流思想从基于数量的消费观念转变为基于由环境可持续性定义的品质消费观念，他们接受一种整体幸福的世界观，摒弃主流文化的负面特性。

从旧文化到新文化的转变表现为人们思维和行为方式的一些基本改变，加州思维科学研究所（California's Institute of Noetic Sciences，IONS）列举了以下变化：

● 从竞争向和解与伙伴关系的转变：从基于竞争的关系、组织模式和社会战略转变为基于愈合、和解、宽恕和男女伙伴关系原则的关系和模式。

● 从贪婪和匮乏向充足和关怀的转变：价值观、观点和方法的改变，从传统的以自我为中心和贪婪的模式，转变为容易满足和相互关心。

● 从外部权威向内部权威的转变：从依赖外部"权威"来源向内部"会意"来源的转变。

● 从"分"向"合"的转变：认识到现实中所有方面的整体性和相互关联性。

● 从机械系统向生活系统的转变：重点从基于机械系统的组织模式转移到扎根于为生存者的世界提供信息的观点和方法。

● 从组织碎片化到连贯整合的转变：从相互对立的分裂、碎片化的组织转变为一体化的目标和结构，以便为组织内部和周围的人提供服务。

价值评估是最基本且极具前景的转变。传统的主流文化将价值与金钱和权力联系在一起，认为追求成功是人生的目标，成功意味着富有和强大，这种观念既适用于个人，也适用于被视为经济体系的整个

社会。主流经济学的文化是以国民生产总值（Gross National Product,
GNP）为衡量标准的，幸运的是，这种基于 GNP 的文化正在松动，许
多替代方案正悄然出现，但尚未深入影响人们的思想。现在，由全球
流行病所引发的危机促使人们开始思考这些方案，知道有必要选择替
代品。以下是一些最值得注意的亚文化替代方案：

◆ **由国民幸福总值（Gross National Happiness，GNH）定义的价值观**

"国民幸福总值"是不丹国王吉格梅·辛格·旺楚克于 1972 年提
出的，当时他宣称，"国民幸福总值比国内生产总值更重要"。发展需
要全面兼顾，给予经济和更微妙的非经济幸福指标以同等的重视。

2012 年，不丹总理吉格梅·廷里和联合国秘书长潘基文主持召开
了一个高级别会议，主题是"幸福与快乐：定义新的经济范式"，以
鼓励不丹 GNH 理念的传播。在此次高级别会议上，第一份《全球幸
福指数报告》发布，此后不久，联合国宣布设立"国际幸福日"。

与 GNP 不同，GNH 将全面幸福作为治理目标，强调与自然的和谐
以及对传统价值观和实践的尊重。据不丹政府称，GNH 的四大支柱是：

——可持续和公平的社会经济发展；

——环境保护；

——文化保存与推广；

——善政。

◆ **按照快乐星球指数（Happy Planet Index，HPI）进行治理**

2006 年，英国独立智库新经济基金会（New Economics Foundation）
推出了快乐星球指数（HPI），用来衡量人类幸福和环境影响。每个国
家的 HPI 值是其主观生活的平均满意度、预期寿命和人均生态足迹的

函数，对该指数进行加权，以逐步提高低生态足迹国家的评分。可持续发展需要考虑到追求社会经济目标的环境成本。

HPI 旨在挑战国家发展的既定指标，人们认为 GDP 不是一个合适的价值指标，因为人的最终目标不是富裕，而是健康快乐。

♦ **由真实发展指数**（Genuine Progress Indicator，GPI）**定义价值**

真实发展指数（GPI）用来取代或至少补充 GDP，该指标旨在更全面地考虑一个国家的幸福，而经济只占其中的一部分。环境和碳足迹中，GPI 考虑的因素包括资源耗竭、污染和长期环境破坏的形式。当污染产生时，GDP 会双倍增长，一方面是制造污染给 GDP 带来的增长（就像一些其他有价值过程的附带结果一样），另一方面当污染被治理时，GDP 又会增加一倍。与之相反，GPI 将初始污染计算为损失（而非收益），一般来说，等于清理污染的成本加上污染的其他负面影响产生的成本。在核算社会治理或控制污染以及贫困所承担的成本时，GPI 平衡了作为外部成本的 GDP 支出。

如果这些变化和发展是当前社会文化趋势的可靠指标，那么许多社会即将发生重大变化，特别是那些有能力尝试其他组织和行为模式的社会。许多在边缘地带出现的新兴的亚文化充满希望，当有足够的人或社会开始尝试时，人类大家庭将迎来一个新时代，一个以更高幸福水准为标志的时代。

关于生命和幸福的四个基本问题

如果当代社会要找到通往更幸福时代的道路，就需要提出四个基本问题。我们在这里提出这些问题，并先根据西方科学理论进行评估，然后依照东方的传统智慧进行分析。这四个问题是：

什么是生命科学？

人生的目的是什么？

我们称之为幸福的条件是什么？

疗愈与健康的真正本质是什么？

1. 什么是生命科学？

生命本身既是一门科学，也是一门艺术。生命艺术在东西方文化中都有体现，生命科学是致力于研究生命结构和过程的当代科学。生命本身是一个过程，它产生了越来越大、越来越复杂和一致的结构：一些完整的系统。

今天的生命科学是科学的一门分支，包括生物学、医学以及人类学，它的研究重点是生物和生物的主要结构与过程。

2. 人生的目的是什么？

正如在自然界中观察到的发展过程所显示的那样，我们有理由相信，生命的目的是生命形式和过程的繁荣兴旺，即生物的生长和发展。有机体就是一个个系统，它们共同创造更广泛的"超级系统"，这是由其他系统组成的多层次体系，通过与地球生物圈中的其他体系相互作用而进化。

78 亿人共同构成了一个生物社会和生物生态系统，正如我们身体内的 37.4 万亿个细胞构成了有机体的系统一样。我们可以把由人类构成的整个系统看作是一个生命体系，一个寻求扩展和繁荣的动态进化系统。在当下，这个星球上的生命系统正在扩张，并寻求更进一步的扩张，甚至扩张到太阳系的其他部分。

生命科学的一个新的分支正在兴起，这个分支关注的是意识，涵盖了从表观遗传学、进化生物学到神经科学、整体哲学和实验心理学的广泛学科。

新兴科学注意到生命体的本质，同时也认识到，生命体中表现出来的生命的本质从根本上来看是进化的。进化生命科学正在扩展现有的科学边界，挑战直到最近仍一直主导科学思想地位的传统范式的局限。

3. 我们称之为幸福的条件是什么？

新的进化生命科学将人类本身视为一个系统，但也认识到人类并不是完整系统的全部，人类是生物圈中的一个子系统，而生物圈又是这个星球上生命系统中的一个子系统。

我们了解到的基本认识是，人类是更广阔系统中的一个，人类系统的进化不是命中注定的。70多亿人的细胞构成的人类系统可能演化成一个更广泛更强大的生命体系，也可能演化成一个毒瘤。为了引导人类朝着更强大的生命体系的方向发展，每个人都需要有意识地发挥自身的作用，不断调整自我组织和过程，使之与地球生物圈——我们所处的宇宙区域中最复杂最具凝聚力的系统——和谐相处，这是通往幸福时代的道路。

人类是一个生命系统，是自然和进化内在动力的表现，我们有潜力成为这一动力的高级表现形式。如果这一目标能够实现，人类将有能力创造自己的未来。我们需要去唤醒并与进化冲动保持一致：这是通往幸福的关键。如果人类不从睡梦中醒来，还继续助长以自我为中心和分裂的势力，那么进化冲动将找到自己的发展之路，而这个星球上的生命系统将在没有人类参与的情况下重新调整自己。

4. 疗愈与健康的真正本质是什么?

科学中出现的新范式在疗愈和健康领域有明确而关键的应用。在现代主流社会,医生和疗愈师的基本目标是维持健康状态,而不是治病。当有人生病时,会叫来医生和疗愈师;而在传统文化中,即使没病,人们出于保健的目的也会请来疗愈师。

现代西医和西药在治疗疾病方面比在保持机体健康方面更为成功,它试图通过生物化学和必要的外科手段来纠正细胞和器官的失调。西医的卓越成就延长了人类的预期寿命,消除或治愈了大量疾病。

现代医学要满足当今的需求,就要将其重点扩展到保持健康,而不仅仅是治疗疾病。我们今天的医学需要超越仅仅关注疾病本身或功能失调的部分,转为关注整个机体的物理、生化和社会心理环境,这就需要考虑到确保生物体健康和充满活力的流动和平衡因素,而不仅仅是专注于某一部分失调的原因。

观察、测量和分析维持整个机体健康的能量和信息交互作用,可以克服西医和西药原有的局限性。新的生命科学证明了存在着包含整个有机体的复杂而协调的能量和信息流,维持这些流动的功能顺序对生物体的健康乃至生存至关重要。传统社会的疗愈师知道这一点,并专注于使能量按照功能顺序流动,他们开发了一系列药物和应用实践,旨在克服体内的堵塞和失调。直到最近,人们才对自然物质和方法产生了兴趣,而在很长一段时间内,人们忽视了那些传统的物质和治疗方法,甚至视其为迷信。

目前,现代医学的最新分支已经开始研究生物体内以及生物体与其自然和社会环境之间能量自然流动的治疗潜力,最新的发展标志着对疾病治疗和健康保障整体方案的回归,并且重新定义了健康和幸福的本质,总结如下:

- 健康是生物体内的动态平衡，在这种平衡的条件下，生命体可以恰如其分地处理其在环境中持续存在所需的信息。
- 疾病是管理系统信息的异常表现，是生物体处理信息过程中的缺陷。
- 疾病既是个体同时也是整体状况的体现。当局限于单个个体时，它是个体的，但是考虑到所有器官引起的医疗状况都是多维度关联的，这种局限永远不是绝对的。认识到疾病是一种涉及多方面的状况，对于疾病的正确诊断和治疗至关重要。

我们今天所经历的危机不仅仅是一场健康危机，而且是一场由疗愈和医学实践主导的范式危机。新时代的科学将带来新的幸福模式，由绘制生命的系统概念来定义，并引导它们朝向健康的生命和生活。导致环境退化和其他经济、社会问题的消费主义源自一种已经失效、需要改变的世界观，我们需要树立一种新的世界观，来促进从浪费制度向资源重新分配制度的转变，使全人类而不仅仅是少数人能够获得资源。

在新时代，一切以新兴范式的原则为基础，一切都整合在一个更大的完整框架中，整个系统既包括存在的非物质层面也包括其物质层面。在西方，非物质层面的发展仍处于早期阶段；而在东方，这些方面几千年来一直备受关注。

我们有足够的知识和资源，并能有效地获得所需资源，以满足人类大家庭的物质需要；同时，我们需要接纳科学中出现的新范式，使其能够满足人类存在的非物质方面的需要，之后幸福时代的曙光将引导人类走入阳光灿烂的时代。

第 2 章

量
子
范
式
的
见
解

现实本质的新概念

　　作为公认的科学领域，量子科学是全新的，其所提供的见解与牛顿和达尔文的世界观截然不同，虽然这些见解正越来越广为人知，但依然前路漫漫；机械唯物主义观点仍然支配着大众的思想，大多数人认为宇宙是一个机械装置，没有灵魂，而生命的产生只是一个意外。从这一观点来看，生物物种的特征是由这个星球生物进化史上一系列偶然事件引起的，而人类的特征则是由他们出生时基因的偶然组合形成的；反过来说，人类由生存、性和其他形式的自我满足等基本的驱动力支配着。

然而，这并不是新兴量子范式的概念。牛顿、达尔文和弗洛伊德的思想，这些今天所谓的科学自然观和人类观的基本来源已经被新的发现所取代。在新兴量子范式的世界观中，宇宙不是既无生命又无灵魂的大块物质的集合体，它更像一个活的有机体，而不是像一块死石头。生命不是一场随机的意外，人类的基本驱动力远远不止生存和自我满足。

在量子科学领域正在形成一个全新的世界观，下一节我们将介绍这些新元素。

物质的本质

新兴的量子范式改变了我们对现实最基本的认识，改变了我们对物质的认识。根据传统的牛顿观点，物质和空间共存，这二者是现实所拥有的一切。物质占据空间并在空间中移动，而空间则作为背景或容器。爱因斯坦的相对论从根本上改进了这一传统观念，在爱因斯坦的相对论中，时空成为一个完整的四维流，而之后尼尔斯·玻尔（Niels Bohr）和沃纳·海森堡（Werner Heisenberg）的量子物理学再次改进了这一观点。量子科学家们开始意识到作为物质背景的空间的本质，认为不应再去坚持物质是首要的，而空间是次要的。量子范式赋予首要实相的是空间，或者更确切地说，是量子真空大规模扩展的"零点场"。

首要实相从物质转变为能量的原因在于，人们发现，尽管量子真空名为"真空"，但并不是一个空荡荡的空间——"真空"——而是一个被填满的空间：一个气室。它是零点场的所在地，之所以这样命名是因为当所有其他能量消失时，这个场的能量明显指向零点。

就其本身而言，这个原生场不是电磁场、引力场或核力场，相反，它是众所周知的电磁力、引力和核力的源头，也是物质粒子本身的来源。通过用 10^{27} erg/cm^3 量级的充足能量刺激真空的零点场，真空的一个特定区域从负能量状态被"踢"到正能量状态，这就产生了"成对创造"：真空中出现了一个正能量（真实）粒子，同时还有一个负能量（虚拟）粒子孪生体。

零点场的能量密度几乎超出我们的想象。按照约翰·惠勒（John Wheeler）的说法，根据爱因斯坦的"质能方程式"E=mc^2 计算，其能量密度高达 10^{95} g/cm^3，这个密度比宇宙的平均物质密度大得多！幸运的是，真空的能量是"虚拟的"，否则，由于能量等于质量，质量携带引力，这个超稠密的宇宙会瞬间坍缩到小于原子半径的大小。

可观测的宇宙不是真空能量的凝固，而是真空能量的稀释。自此，人们的看法有了 180 度的转变，不再认为物质是稠密、自主的，在被动和空旷的空间中运动。

在这个接近无限的虚拟的能量场中，物质是一个新生事物。当真空在"宇宙大爆炸"中变得不稳定时，形成了可见的宇宙的物质，由此释放出的巨大能量从真空中产生了成对的粒子，而那些没有相互湮灭的粒子构成了宇宙的物质成分。科学家们现在知道，不仅在起源上，而且在运动表现上，宇宙中的物质都与真空场保持着密切的联系。

惯性力本身可能源于与"零点场"的相互作用。在 1994 年首次发表的一项研究中，伯纳德·海西（Bernard Haisch）、阿方索·吕埃达（Alfonso Rueda）和哈罗德·普索夫（Harold Puthoff）提供了数学证明，证明惯性可以被视为基于真空的洛伦兹力。这种力源于亚量子水平，并产生与物质物体加速度相反的力，物体在真空中的加速运动产生磁场，磁场改变了构成物体的粒子的运动方向。物体越大，包含的粒子越多，从而偏转越强，惯性就越大，因此惯性是一种电磁阻力的形式，是由于真空中虚拟粒子气体的畸变而在加速帧中产生的。

除了惯性，质量还可以被看作是真空相互作用的产物。如果海西及其合作者的看法是正确的，那么质量的概念在物理学中既不是最基础的，也不是必要的。真空中含有组成超流体零点场的玻色子的无质量电荷，当这些无质量电荷与电磁场的相互作用超过 10^{27}erg/cm^3 的阈值时，质量被有效地"创造"出来。因此，质量可能是由真空能量凝聚而成，而不是宇宙中原本就存在的。

如果质量是真空能量的产物，那么重力也是。我们知道，重力总是与质量相联系，遵循平方反比定律（它与重力质量之间距离的平方成比例下降），因此，如果与真空相互作用产生质量，那也会产生与质量相关的力。这表明人类与物质有关的所有基本特征都是真空相互作用的产物：惯性、质量和重力。

在量子范式中，物质被视为与真空零点场相互作用的产物。正如马克斯·普朗克（Max Planck）本人在佛罗伦萨最后演讲中所说的，最后的分析得出，宇宙中没有物质这样的东西，物质是由快速振动的量子组成。

生命的本质

量子范式也从根本上改变了我们的生命观。生命不是宇宙物理学中引入的一种新的外来元素，而是在宇宙时空中所揭示的进化过程的一部分。一些"物质"粒子——在最后的分析中，它们是零点场中类似物质的振动——演化成一致的整体，表现出与生命相关的属性。

创造生命现象的振动群，其一致性的水平是相当大的。例如，人类有机体由大约 1000 万亿个细胞组成，大约是银河系恒星的 1 万倍。在这个细胞群中，有 6000 亿个细胞正在死亡，同样数量的细胞每天再生速度超过每秒 1000 万个。皮肤细胞的平均寿命只有两周左右；骨细胞每三个月更新一次；每 90 秒，就有数以百万计的抗体被合成，每种抗体由大约 1200 个氨基酸组成；每小时有 2 亿红细胞再生。根据橡树岭实验室（Oak Ridge National Laboratory，ORNL）进行的放射性同位素分析，在一年的时间里，构成生物体的 98% 的原子被替代。虽然心脏和脑细胞比大多数细胞寿命更长，但体内没有一种物质在人的一生中保持不变；然而，在某一给定时间内共存的物质，其每秒都会在体内产生数千次生化反应。

这一庞大数量的细胞的协调及其复杂的电磁和化学信号需要在各个部分之间进行特殊的微调，以达到全系统的高度一致性。有机体的所有细胞之间存在准瞬时、非线性、异质和多维的相关性，而这些都由高度协调的器官和器官系统所保证。

这样的秩序不能由单个分子之间的机械性相互作用产生。临端部件之间简单的推撞关系必须辅之以即时通信网络，将生命系统的各个部分联系起来，甚至是那些彼此距离遥远的部分亦是如此。例如，稀有分子基本都是不相邻的，但它们在整个生物体内都能找到彼此。它们没有足够的时间通过随机的抖动和混合过程来实现这一点，即使相距遥远，这些分子也需要相互定位并明确地回应对方。事实证明，生命是动态的、流动的，它的无数活动是自我激励、自我组织和自发的，涉及数万个基因、数十万个蛋白质和其他组成细胞的大分子，以及组成组织和器官的多种细胞。在这个巨大的结构中没有控制和被控制的部分或层次：所有部分都处于即时和连续的沟通中。调整、响应和更改同时向各个方向传播，这种即时的网络状关联不能仅仅由分子、基因、细胞和器官之间的相互作用产生，尽管一些生物化学信号（如控制基因的信号）非常有效，但激活过程在体内传播的速度以及这些过程的复杂性使得仅仅依靠遗传和生物化学是不现实的。

这使主流科学中仍然盛行的一种普遍观念受到质疑，即有机过程完全或至少主要由有机体的一组基因控制。人们认为，基因组包含一套完整的指令，用于在物理和生物化学上构建和运行活的生物体。

而依据应用于生命科学的量子范式，情况并非如此。"基因决定论"虽然广为流传，但经调查却遇到了两个自相矛盾的结果："C值悖论"（C代表复杂性，C值表示生物体物种特异性DNA序列的复杂性）和"基因数悖论"。

由于无法证实基因组的复杂性与生物体的复杂性成正比关系而产生了C值悖论。如果一个有机体的基因能够编码并能控制其结构和功能，则更复杂的生物其基因结构也应该更加复杂，然而调查结果并未证实这一点。简单的阿米巴原虫细胞中的DNA数量是人类的200倍，即使是血缘关系密切的物种，其基因组大小也可能完全不同。近亲啮齿类动物的基因组大小通常相差两倍；家蝇的基因组是果蝇基因组大小的五倍。同时，完全不同血缘的物种可能具有相似的遗传结构。因此，如果基因组的结构和大小确实决定了生物体的结构和功能，那么这些发现则是与其相矛盾的。

另一个悖论是发现活细胞中的基因数量远远超过了那些可以建立有机功能的基因数量。许多品种的基因没有任何已知的功能，其中的一些可以在对生物体没有有害影响的情况下发生突变，而另一些可以在没有任何影响的情况下发生突变。此外，只需稍加修改，基因通常就可以在基因组中被复制，而这不会影响生物体的功能。所有的基因复制必须一起突变，才能扰乱机体功能。细胞中基因的这种冗余同样形成了前量子分子生物学中生物体"基因指令"理论的悖论。

生物体的所有细胞和细胞系统之间惊人的精确、准即时的关联，比以往已知的生物体各部分和元素之间的关联形式更快、更复杂。生物体是宏观量子系统，一气呵成的多尺度、多维度连接将系统维持在其物理生物环境中，并在整个生物圈内与生命系统及其环境保持一致。这种持续而活跃的相互关联使生命有可能出现并继续维持下去。

量子系统具有显著的特性。在这样的系统中，一种非物质形式的信息传输使用纠缠态①作为沟通渠道，生物体内不同点上的分子可以反应执行个体功能，但协调功能是由生物体作为一个整体的量子相干性来保证的，纠缠态是生物体中遥远、经典的非相互作用部分的非局域态。

活的有机体并不是封闭的，生命的世界也不是传统达尔文主义所描述的残酷领域，每个有机体都与其他有机体进行着抗争，每个物种、每个有机体和每个基因都相互竞争。更确切地说，生物是一个庞大而亲密的关系网络中的元素，这个网络包含生物圈——一个在更广泛系统中互联的系统，它一直延伸到宇宙中。

宏观量子系统在本质上不同于传统系统。量子系统不允许精确定位、确定动量和其他非通信变量；能量、熵和信息没有持续的变化；相同的部分没有单独的标识，系统的不同属性也没有单独规定。量子系统允许出现非传统过程，如穿越势垒的隧道效应、通信实体所有可能的历史之间的干扰、对电磁势的敏感性、纠缠态和隐形传态。生命系统只有在远离热平衡和化学平衡的内在不稳定状态下才能生存，而这种不稳定状态是通过持续的内在互联，包括比主流科学更快的信息传输实现的，非局域纠缠的量子概念为这种即时多维互联提供了解释。

---

① 纠缠态为物理学概念，它是指多粒子体系或多自由角度体系的一种不能表示为直积形式的叠加态。

意识的本质

传统物理学认为所有现象都源于物质粒子的相互作用，我们观察到的一切，包括人类自己，都是这种相互作用的结果。思维和意识，即使不是完全虚幻的，也只是大脑中神经元相互作用的副产品。随着现代量子科学的发展，意识终于在我们的现实概念中获得了应有的地位：不仅仅是大脑运行的副产品、边缘现象，同时也是现实的一个主要方面。

新范式认为，意识并不是个人所独有的，它表达了一种生活原则。意识表现了身体每一个细胞固有的东西，即寻求合作与一致，一体化和完整性，我们内心世界的一致性以及与外部世界的一致性。意识是生命的原则，这是显而易见的。

大脑产生人类思想和意识的理论的真实性据说已被观察证实。当大脑停止运作时，意识就会停止。这不允许有例外：一个死亡的大脑不能产生意识。大脑以外的意识现象一定是幻觉。然而，似乎有时意识是在大脑缺席的情况下出现的，量子范式为解释这一现象提供了基础。

根据这一范式，大脑是一个宏观量子系统。在量子功能给定的条件下，大脑不仅可以通过眼睛和耳朵接收信息，而且可以从更广阔的世界接收信息。这是有可能的，因为大脑是一个生物——一个与整个生物圈中其他生物非局部"纠缠"的实体——的一部分。

有洞察力的人，无论是萨满还是科学家、诗人或先知，都有目的地利用他们大脑的非局部沟通能力，认真对待并利用大脑中浮现的自发见解，他们已经为这种沟通的存在提供了证据。科学家、医生、物理学家和神经外科医生已经对许多这样的证据进行了研究，其中大多数都确认是真实的。

　　量子宇宙中的沟通总是双向的，没有被动的外部观察者。事实上，量子宇宙中没有任何东西是外部的和被动的，所有元素都与其他元素相互作用，这是"人类的观察创造了世界"这一流行观念的基础，虽然从通常意义上来说，我们的观察并没有创造世界，但的确影响并改变了世界。

　　"量子大脑"研究人员利用纠缠、相位关系和超空间等先进的量子力学概念，研究我们的意识与物理世界的相互作用。有调查人员在心身医学，特别是在心理神经免疫学和其他形式的生物反馈研究中，探索意识和身体相互作用过程之间的联系，而另外一些科学家则研究梦、迷幻物质以及恍惚和冥想状态对意识的影响，他们的工作让人想起半个多世纪前爱因斯坦的洞见。他说："人类是整体，即我们所谓的'宇宙'的一部分，受限于时间和空间。他思考、感受，这一切似乎与其他一切分割开来——一种意识的视觉错觉。这种错觉对人类而言就像牢笼，限制了我们的个人抉择和对周围亲人的情感。"杰出的心理学家、精神病学家和意识研究人员重新发现了人类在古代就已经了解的现象——人类的大脑由微妙的、看似"精神"的关联联系在一起。在当今的文献中，这些关联被认为是"超越个人的"。

　　归纳以上证据，我们得出结论，确认人类有两种体验世界的方式：一种是"感知—认知—符号"模式，另一种是"直接—直觉—非局部"模式。前者用来处理来自物理环境的信号，而后者则源自采纳了"隐秩序"——世界的阿卡西维度。

　　"感知—认知—符号"模式是基于大脑对从近端环境接收到的信息的处理，从而产生了支配日常意识的视觉、听觉、触觉和味觉。反过来看，"直接—直觉—非局部"模式会产生微妙的、看似精神层面的现象，如视觉、洞察力和直觉，这些现象体现在做梦、白日梦、创作性恍惚、神秘的狂喜、深度冥想、祈祷、催眠，以及濒临死亡的环境中。

自伊丽莎白·库布勒-罗斯（Elisabeth Kübler-Ross）对濒死体验（near-death experiences，NDE）进行研究以来，临床心理学家和专业研究人员对 NDE 进行了系统研究。看起来，接近死亡的人经历了一次具有独特记忆成分的非凡经历。雷蒙德·穆迪（Raymond Moody）得出结论，现在已经"清晰地确定"了，那些濒临死亡之后复活的人中，虽然年龄、性别、宗教、文化、教育或社会经济背景各有不同，但有很大一部分人的经历是非常相似的。NDE 研究人员大卫·洛里默（David Lorimer）调查了所谓的全景记忆，在这种记忆中，生活经历以惊人的速度、真实性和准确性重现，超出大脑记忆的时间顺序各不相同：一些开始于儿童早期，并向现在移动；其他人从现在开始，回到童年；还有一些回忆被叠加在一起，就像一个全息影像。一个人一生中经历过的一切都可能被回忆起来，似乎没有任何内容被永久删除。

当心理治疗师引导患者回忆他们的童年时，意识的相关现象浮出水面。一些治疗师经常发现，可以引导患者回到更久远的时间，直至还在子宫中的"产前"阶段。有时，意识回溯到更久远的过去是可以实现的。

研究员伊恩·史蒂文森（Ian Stevenson）发现，孩子们常常回忆起似乎与某些生命个体相关的经历，而这可能将这个孩子的大脑和意识与说不同语言的人联系在一起，他开始用一种自己在正常意识状态下不具备的语言说话，这种现象被称为"特异外语能力"。因为无法假设孩子有机会熟悉给定语言的某些元素，这种现象解释不通，在一些已记录的案例中，接受催眠和回溯的儿童用他们不懂的语言与以英语为母语的人进行长时间、流利的交谈。

20 世纪 70 年代，物理学家拉塞尔·塔格（Russell Targ）和哈罗德·普索夫在心灵感应和图像转移方面进行了一些著名的研究。他们希望弄清真相，了解不同个体之间如何自发进行信号传输。实验中，一人充当"发送者"，另一人充当"接受者"，他们让接受者待在密封、不透明，用电子屏蔽的房间中，"发送者"待在另一个房间，在那里定时用强光刺激。实验中使用脑电图仪（EEG）来记录二者的脑电波。不出所料，发送者表现出常常伴随着明亮闪光的有节奏的脑电波，但是在短暂的间隔之后，虽然接受者并没有被强光闪的经历，也没有从发送者那里接收过感知信号，但是接受者也开始出现相同的模式。①

在一个与此相关的实验中，测试受试者左右脑脑波的自发协调性。通常，在意识清醒时，双侧大脑半球——语言导向、线性思维的理性"左脑"和完形感知、凭直觉的"右脑"——表现出不协调、随机发散的模式。实验表明，当受试者进入意识冥想状态时，这些模式趋于同步，在陷入深度冥想时，双侧脑半球产生几乎相同的模式。在米兰赛博实验室（Laboratories of Cyber in Milan）进行的实验中，两名受试者同时开始冥想，这时不仅在他们各自的左右脑之间，而且在两名受试者之间，都观察到了相同的同步效应。尽管受试者没有看到、听到或以其他方式了解对方的经历，但在两个深度冥想的受试者中，出现了近似的四重同步（左右脑半球同步，受试者之间同步），有多达 12 名受试者的实验中观察到了这种同步现象。

---

① TARG R, PUTHOFF H. Information transmission under conditions of sensory shielding[J/OL]. Nature, 1974, 251（5476）: 602–607（1974-10-18）[2021-10-19]. https://doi.org/10.1038/251602a0.

精神病学家斯坦尼斯拉夫·格罗夫（Stanislav Grof）得出结论：交替状态似乎调节了大脑和周围世界几乎所有部分之间的联系。他建议在人类心理常见的领域增加一个围产期领域[①]和一个超个人领域[②]，在这些领域中，个体似乎能够得到超出其感官范围，甚至可能超出其当前生活的信息。

来自东方的深刻见解：
"道"的智慧和正念生活的重要性

古代东方思想的核心概念在当代科学中得到反映和验证，这绝非偶然，特别在生命科学领域，东方思想的核心概念与现代科学不谋而合，这种巧合的一个关键因素是中国传统对于修身养性的重视。

传统的和现在正积极复兴的原则是：人类应该依"道"来生活，这里的"道"指的是宇宙的自然力或动力。从量子范式的建议中我们也能得出这一点：按照全息吸引子（holographic attractor）的进化动力生活。如果我们的生活与进化动力一致，顺应"道"，则会发展和繁荣；反之，则将面临越来越多的困难和问题，并可能遭遇危机和灾难。

基于当代生命科学的美好生活建议符合"道"的核心理念，不仅全息吸引子的说法与"道"的理念一致，量子意识场在功能上与中国传统的"终极虚无"理念也同义。传统理念没有为如何生活提供规则和指导，但的确提供了一种历经数千年考验的人生哲学。

---

① 围产期领域：格罗夫认为这个领域与出生过程相联系，他认为有四种基本的围产期心理组织，每一种组织都对应不同的出生阶段，起着心灵的核心组织的作用。

② 超个人领域：指个人可能经历到各种精神状态或主题。格罗夫注意到似乎要通过围产期领域，因为出生的经验提供了一种进入精神世界的门径。

新旧观念的重合使二者都受益。生命科学需要以久经考验的智慧为基础，而东方传统需要生命科学的权威来取得大众的信任。

中国传统文化认为宇宙起源于一个叫作"无极"的"终极虚无"的域。宇宙的能量——"道"，创造万物，称为"太极"。以任何形式存在的物质——"太极"，都有一个基础的二进制代码，动态的阴阳对比，像正弦波一样不断地来回摆动。进化正是在这些循环往复中发生，从而人类得以进化。如果人类顺应宇宙的动力——"道"，就能创造万物；如果偏离了"道"，就会遭受灾难。当顺应"道"时，人类繁荣发展，否则必将大祸临头。中国人将此总结为"兴亡"，即兴盛与衰败、繁荣与死亡的二重性，适用于个人、社会、国家和世间万物，这是生活的核心动力。

东方的智慧认为"道"创造了地球，在地球上创造了生命，然后创造了人。如道教经典《道德经》所说：

道生一（无极），

一生二（太极和阴阳），

二生三（天地人），

三生万物，

万物负阴而抱阳，

冲气以为和。

从无极到太极，再到阴阳；从宇宙到地球，再到人类，都是一个依"道"不断进化的过程。

《道德经》将创造过程描述为一个统一的过程：

人法地，地法天，天法道，道法自然。

遵循"道"生活，人类需要做的就是倾听宇宙的召唤，而不是追随自身的欲望，无论这些欲望是对是错，是好是坏。中国有句名言：

"无为而无不为"，也出自《道德经》，人们经常把它误解为字面上的意思，"什么也不做"，而其实际意思是：如果人们遵循宇宙的运行规律，就不需要再做什么了，因为一切都会自然而然好起来。

顺应"道"则一切皆可实现，与周围的一切合而为一，因为对整体有益的，个体必然也受益，不去强迫自己的欲望和意志，则会到达一个思想与宇宙合一的境界，因为"为所为"，也因为宇宙希望你"所为"，你所行之事皆出于自然的推动。

更高层次的意识要求遵循"道"，顺"道"而为，不是出于自己的意愿，而是遵循"道"的要求。要做到这一点，人类必须达到"天人合一"，即人与宇宙的合一，这样人类就可以利用宇宙的能量，变得有洞察力，最终协调与自然、他人、自己的关系，并达到一种幸福（自由自在）的状态，那是一种无忧无虑、活在当下的生活状态。

幸福是一个全方位的概念，不仅意味着个体的幸福，也意味着天下万物和每个人的幸福。为了个体的幸福，所有人都必须幸福；为了所有人的幸福，人类的进化必须与宇宙的能量保持一致，这样人类才有可能繁荣。生命得以繁荣发展，则意味着一切都顺应了"道"。

中国文化以"道"为基础，为创造人类历史上的下一个时代提供了一种实践范式，这是一个重新利用东方深奥智慧的机会。中式思想学派，由于其长期性和延续性，已经发展成一种无所不包的人生哲学和人际关系哲学，一直以来都是中国社会的基础，也为其他社会提供了良好的基石。

人类目前面临着巨大的挑战，需要推进意识向下一个层次的转变，以便我们能够应对挑战，这就需要理解和探索古代智慧和现代科学的统一，这也是我们生活和未来的最佳路标。

来自西方的见解：
全息吸引子和宇宙的目的

宇宙更像一个宏伟的思想，而不是一台大型机器。一百多年前，天文学家詹姆斯·吉恩斯（James Jeans）领悟到这一点，如今许多科学家也都开始有了同样的认识，这种认识拉近了宇宙学与宗教和灵性的距离，并开辟出一条道路，以科学可以接受的方式重新思考自然界中那些神圣的元素。

基于量子原理的世界观设想的基本现实世界不是由称为"物质"的独立粒子构成的，而是由宇宙量子场中相互作用的振动束组成。这些振动束是一致且连贯的，这表明它们不是随机的，而是"知情的"——由某种我们可以想象为精神或智慧的东西形成的 [按照马克斯·普朗克、埃尔温·薛定谔（Erwin Schrödinger）、戴维·玻姆（David Bohm）和其他科学家的说法]。西方文化认为，自然界中似乎有一个非物质但有效的因素在起作用，这唤起了人们对精神和宗教教义所谓的"神"的思考，他们将其视为神圣矩阵、宇宙基础、阿卡西记录、大神，或者仅仅是"源头"。

在过去的一个世纪里，人们越来越清楚地认识到，宇宙不仅仅是物质在被动空间和无差别的时间里运动而形成的时空背景，独立的、看似物质的实体仅仅是表面现象，在宇宙表面之下或之外，有一个相互关联的领域，它不是物质的，而是"充满活力"和"充满信息"的。量子域不是被动、固定不变的，而是动态和相互关联的。宇宙是一个动态矩阵，"形成"那些呈现在其表面的事件。被玻姆称为"隐秩序"的深层维度本身是不可观察的，但其影响是看得见的，通过臆测应用于表面"显秩序"中其他无法解释的现象来得到答案。

这一深层维度，即位于所观察到的世界之下或之外的概念，与系统哲学一样古老，但在科学中相对较新。直到最近，主流科学家都不承认有一个非物质的、起源于另一个维度的因素将影响我们观察到的这个世界上发生的事情。他们认为，今天非凡和一致的宇宙是在足够长的时间内发生的偶然事件相互作用的结果。让猴子不停地敲击打字机键盘，只要给予足够的时间，甚至有可能创作出莎士比亚的《哈姆雷特》。

不仅宇宙的进化，生命的进化也被否认与非物质因素有关联。有人说，进化的产物是随机偶然互动的结果，在长期的生产性迭代中是一系列试验和错误的延伸。达尔文及其追随者们认为，我们在自然界中发现的一切都是盲目和无目的互动的产物。

真相究竟如何，完全可以用自然选择下的基因突变来解释。牛津大学生物学家理查德·道金斯（Richard Dawkins）认为，生物世界可能让人觉得其产生是有目的的，但事实并非如此。例如，猎豹看上去是专门为捕杀羚羊而设计的，如果大自然创造猎豹的目的是让羚羊被捕杀，那么猎豹的牙齿、爪子、眼睛、鼻子、腿部肌肉和大脑正是我们所能预想到的；而羚羊速度快、敏捷、警觉，又似乎是为了专门躲避猎豹而设计的。这类物种的存在不需要归因于更高层次的设计，用"实用功能"就可以解释：猎豹有杀死羚羊的实用功能，羚羊有逃离猎豹的实用功能，大自然对它们是否成功并不在意。如果自然界的产生没有目的，大自然中缺少善良，只有盲目和无情的冷漠，则物种的属性就完全是其表面所反映出来的那样。显然，一个盲目无情的世界与一个有目的、存在仁慈因素的世界是矛盾的。

然而，事实证明这是一个错误的假设。根据观察以及现在由强大的应用程序计算出的结果，偶然事件极不可能在可提供的时间范围内创造出我们现在观测到的宇宙。宇宙大爆炸以来的 138 亿年太短，无法解释基因随机混合形成的基因库，即使是小小的果蝇。我们称之为"方向性信息"的因素必须是对其他随机交互的展开产生偏向的因素，这一因素在复杂系统中起着"吸引子"的作用：它影响可确定方向上相互作用的展开机会，这就是观测到的部分不确定，但总体上非混沌的物理、化学和生物进化过程的方向。

进化过程的长期展开是一种典型趋势，起源于大爆炸后宇宙最初的混沌状态，包括恒星、恒星系统和星系演化所表现出来的秩序，以及地球上和无数其他行星上令人惊讶的精确、复杂和一致的秩序。因此，人类生活在一个复杂而一致的宇宙中，我们自己就是复杂而一致的宏观量子系统：量子系统集成在复杂而一致的分子链中，分子链集成在复杂而一致的细胞和细胞系统中。

在宇宙中起"吸引子"作用的非物质因素是"全息的"：它提供了方向信息，即明确的、统计显示的方向，这将宇宙从一个随机相互作用的世界转变为一个由统计显示但总体上一致的进化世界。

在科学的背景下，我们需要增加一个重要的辅助定理。全息吸引子不是（或者不一定，不可知论比较合理，而不是无神论）超验实体的表现，它并不（或不一定）超出空间和时间的界限，它不太可能"作用于"我们能够观测到的世界，甚至不太可能成为可观测世界的"一部分"。吸引子是整个世界。宇宙就是这样，作为世界上所有事件的一个吸引子，作为一个完整宇宙"整体系统"，它是偏向的来源，在一个随机相互作用的海洋中偏向了复杂和一致的系统。

宇宙是全息的。为什么会这样？这样的质疑是合理的，但超出了经验科学的范畴，宗教和灵性传统的超越流可以告诉我们更多。它告诉我们，宇宙思想或意识，这种非物质的力量超越了时间和空间。我们可以指定这种力量可能是宇宙全息性的来源。这个命题是合理的，但无法被自然科学证实，证据存在于难以解释的直觉中，而不是原始的观察。

　　基于科学的更适度的解释是，逻辑上隐含的非物质力量不在宇宙中，也不作用于宇宙——它就是宇宙，这是一个大胆但有说服力的假设，它解释了生命的出现是一个自然过程，而不是偶然占主导的随机过程，同时也肯定了宇宙进化背后的目的性，包括生命的进化也是有目的的。

第二部分

**东西方通往
幸福时代的途径**

第 3 章

西方途径：以科学为基础

量子范式的指引

　　在西方文明的主流中，科学享有无与伦比的权威。然而，科学不是以静态形式存在的，而是经历着变化和不断地进化，在它的前沿，新的范式正在兴起。今天为人们所知的范式基于自然科学，尤其是量子科学：量子物理学、宇宙学、生物学，目前正冉冉升起的新范式是量子范式。

　　新兴范式所传送的关键信息是宇宙本身在进化；宇宙的规律是恒定不变的，但其所赋予的现象却不是。物理世界是量子的世界：一致性振动的聚集和超聚集。它们以一致的方式变化和进化，进化的方向不仅在可理解的意义上是一致的，其进化本身也是一致的。其一致性，来自其进化过程方向的作用，微妙但富有成效，是我们在宇宙中看到的进化的焦点，也可能是终点。在时间和空间里，各种体系浩如烟海且永不休止地出现，这是变化的总体方向。

如前所述，进化过程来自全息吸引子。这种吸引子解释了从最初的后大爆炸混沌中创造宇宙的动态脉冲，并通过此后出现的无数系统继续创造宇宙。在地球上，全息吸引子决定了进化过程的方向，这些进化过程控制着这个星球上形形色色的物理、物理化学、生物和生态社会系统的变化。

这些过程的本质是达到整个系统实体的一致性，这一目标为我们的思维和行为提供了指引，告诉我们哪些行为与宇宙进化过程是一致的、哪些是相悖的。与这些过程保持一致是顺应自然的，可以为人类带来健康和幸福，这意味着我们与源头相连。通俗而言，是"与力同行"，这里的"力"，即宇宙中能量之力。认识并尊重自然界中每个实体一致的整体性是其决定性的特征。幸福感是因系统与全息吸引子一致而产生的，即"顺应原力"，由此我们可以这样互相问候："愿原力与你同在。"

与吸引子保持一致，顺应宇宙中的进化冲动，这一切都呼吁合作：人类共同努力去保持整体的一致性。达尔文将竞争视为生物界的基本规则，称之为"适者生存"，然而，正如现今生物学和心理学的研究人员所认识到的，在人体和人的内心中都存在着比竞争更高级的动机，即合作取向：追寻并促进团结和完整。

社会中的量子范式

社会的一致性需要我们共同努力并创造一个系统，让"我"变成"我们"。在这个系统内部，每个部分都保持其独特的身份，而同时又合作以维系整体的一致性，这是我们从量子范式中获得的规则。公共政策领域适用这一规则，这一规则界定了独特但并不分离的个体共存于一系列连贯的整体中，无论这些整体是国家、民族，还是企业或社会文化团体。

一致性的运作规则可以参考社会生活治理中的有利条件来阐述，这是一个长期存在的问题。"整体性原则"可以简单概括为"对整体有益的对局部亦有益"。在人类社会的大背景下，"整体"是生物圈中的生命网，部分是一个个实体，可以是一个人、一个家庭或部落、一个社区或一个企业。

整体性原则已应用于传统社会。在传统社会，整体包括人类、他们的家庭和社会，以及人所处的自然环境。然而，现代社会忽视了这一原则，事实上，现代社会一直在与之相悖的基础上运作：对局部有益的（即对我和我认为属于我的任何东西）亦对整体（即所有人和其他一切事物）有益。如果这一目前主导社会生活的原则是正确的，那么我们就不需要担心其他任何人，无论是个人、社区、企业还是环境；我们可以追求自己的利益，而不必为他人的利益承担道德义务和智力上的投入。

以目前的运作规则为基础的社会生活组织是反功能的，它会带来极大的消极后果。事实是，对我、我的族群或家庭、我的社区和我的企业来说，对局部有益的东西，可能不会对整体、整个地球上的生命网有益。我的"益"可能会剥夺其他人所需的资源，比如生存空间，比如他们内部之间以及他们与生物圈其他部分之间的良好关系。从长远来看，局部的利益与整体的利益是一致的，但从短期来看，这可能行不通。因此，如果不遇到重大和致命性的危机，就无法激发人类去实现长远的目标。

经济政治权力中心若实行"邪恶"的运作规则，往往会导致社会不公的产生，使社会无法持续地发展。这一运作规则带来冲突、抗争和叛乱，并会给权力中心本身带来灾难性后果，历史已充分证明了这一点。纳粹德国坚持"局部优先"原则，这一原则体现在德国人的口号中（德国高于一切），最后导致了第二次世界大战的爆发。假定世界其他地区当时已经或将要被纳粹意识形态所征服，将纳粹德国的利益置于所有其他人之上，那么对于"所有人"（世界上其他人）显然是无益的。纳粹政权最终崩塌了，依照邪恶原则行事导致了它的失败。

我们生活在一个完整的量子宇宙中，而不是生活在一个整体和部分分离，甚至是可分离的机械世界里。在本质上是一个整体的量子宇宙中，整体为部分的存在提供了环境，无论从抽象的理论分析，还是在具体的实践中，我们都需要将整体和部分视为一个整体，为了实现个体利益，需要优先去关注整体利益。

整体性原则适用于现今的人类生活，也将适用于未来。如果任何局部，任何个人、社区、企业、国家、民族或文化团体，未能从整体利益中获益，这不是因为局部利益不同于整体利益，而是因为整体结构不完善，存在缺陷。弥补这一缺陷的方法不是像大多数当代政治家和企业高管所做的那样，将局部置于整体之上，而是通过塑造整体，使所有人都能获取资源和利益，这就要求按照社会型组织的运作规则制定公共政策。

领导力的量子范式

寻求创造一个幸福时代的重任落在了政治和商业领袖的肩上。领袖的素质在任何转型过程中都至关重要，对于正处在摆脱全球危机过程中的社会而言更是如此。依照量子范式行事的领导人需要意识到社会的整体性原则，他们是人类进化的代理人，应该努力引导使人类进化走向与生物圈生态系统合作的更高层次。

在任何群体和社会中，没有什么比拥有一个消息灵通、负责任的领导人更重要的了。量子领袖，即那些依照量子范式衍生的整体性原则行事的领袖，专注于去协调、合作与创造有利于生命繁荣的条件。

种子科学开启了农业时代，牛顿物理学和工程学开创了工业时代，二者都以提高经济产量为中心，但经济生产并不是应对我们时代挑战的灵丹妙药，甚至我们还在重新定义"经济"一词。人们越来越多地从两方面来考虑经济：实现可持续性的挑战和实现社会更高水平福祉的目标。

量子领袖不是一个专门致力于经济增长的超级商人，为了社会的利益，他们要从根本上改变自身和人类的认知，而这一过程正在进行中。2012 年，联合国带头将幸福安康视为一种新的经济模式，由此产生了 2015 年里程碑式"可持续发展要求"，从而导致了自觉资本主义的蔓延。2019 年，在由美国一些举足轻重的公司组织的商业圆桌会议上，正式宣布了"可持续发展宣言"，宣言呼吁商业企业不要局限于仅仅满足股东的利益："虽然每个公司都有自己的企业宗旨，但我们对所有利益相关者都有一个基本承诺，我们承诺：为客户提供价值……投资于我们的员工……公平地与我们的供应商打交道，符合道德规范，同时支持我们工作的社区，尊重社区的居民，在企业运作中采用可持续性的做法来保护环境。"①

通过过去三十年所实现的总体经济增长，人类开发了地球上几乎所有经济上可获得的能源和物质资源。经济学的焦点现在需要转向可持续性和一个可持续社会的利益分配，这些目标等待着量子领袖们去实现，他们需要做好充分准备，不仅要有工具去提升经济和工业生产，而且要有智慧使这些利益的获取具有广泛性，同时这一进程本身具有可持续性，而这需要在商业领域和社会中运用整体性原则。

量子领袖通过识别有利于社会和我们所处的地球的先进思想来领导，他们有敏锐的眼光、敏感的触觉，能够与促进经济、政治和社会文化运动发展的趋势产生共鸣。环境问题的解决方案不再是次要的，而是这些领袖目标的核心，他们意识到人类和自然环境密不可分，共同形成了一个完整的体系。

领导者要有效地保护社会利益，保护地球上所有生物体的利益。考虑到当今商业和政治中占主导地位的意识形态，这一要求可能看起来太理想化，甚至是乌托邦式的，但全球性流行病爆发后的时代要求我们的领导理念和理想发生根本性变化，而量子范式提供了必要的最基本的重新定位。

① BUSINESS ROUNDTABLE. Statement of purpose of a corporation[R/OL]. (2019-08-19) [2021-05-19]. https://purpose.businessroundtable.org.

第4章

CHAPTER 4

中国：基于传统的方式

我们的文化来自我们的世界观，即我们如何看待世界以及选择如何去生活。中式思维的核心原则是：人类应该遵循宇宙的自然力去生活和创造。圣人说如果这样做了，人类就会繁荣发展；反之，面对的将是衰败和灾难。

我们需要一种新的世界观和新的方法将二者联系起来，而东方文化，尤其是中国文化传统中所表达的生活智慧，是找到通往幸福时代道路的宝贵指南。

中国传统中所提及的四个基本问题

在中国传统的世界观中，我们提出的基本问题决定了我们是谁。以下问题具有决定意义：何为生？为何而生？何为幸福？何为良药？抑或依古人所言，我们寻找疾病与康复之"良药"。这些也是当代我们所需要面对的最基本的问题，我们在第一章也进行了探讨。

1. 何为生？——《黄帝内经》

蕴含中式智慧的四个基本问题中，第一个问题的答案将生命定义为自然的表达。我们观察自然，了解到生命即自然，而幸福是生命自身的意愿。

《黄帝内经》是中国核心文化中最重要的著作之一，源自 2000 多年前，描述了人类引领创造过程的能力，明确地将人类物种置于生命的最高点：

天覆地载，万物悉备，莫贵于人。

人以天地之气生，四时之法成。

《道德经》也强调人类在更广阔的大千世界中的特殊地位，从而认识到人类的幸福对整个系统的和谐至关重要：

故道大，天大，地大，人亦大。

在中国人的世界观中，宇宙中有四"大"，人类是其中之一。人类之所以"大"，是因为它参与了创造。宇宙创造了生命，人类是宇宙中最有价值的生命形式，处于进化链的最前沿。人类凭借自己的意识积极参与生命的创造，选择与"道"共舞，在创造和集体意识中表现出"道"。为了与"道"保持一致，人们必须做出明智的选择，并学会遵循"道"生活，依此行事，就会健康长寿。

《黄帝内经》提供了一幅生命的蓝图，描述了连接整个宇宙的链条，甚至联系到生命中最小的元素：

天之在我者德也，

地之在我者气也。

德流气薄而生者也。

故生之来谓之精；

两精相搏谓之神；

随神往来者谓之魂；

并精而出入者谓之魄；

所以任物者谓之心；

心有所忆谓之意；

意之所存谓之志；

因志而存变谓之思；

因思而远慕谓之虑；

因虑而处物谓之智。

据此，《黄帝内经》指出，生命是天地、阴阳之能量相互作用的结果，这两种能量在融合过程中共舞，由此产生的能量就是人类的精神。宇宙为人类提供了其本性，谓之"德"（汉语中"德"即道家所称之"道"），由地之气所滋养，因此，构建生命的本质是养之于天地的"精"和"气"，以及人类的精神——"神"。这三个字合在一起就成了一个为大家所熟知的短语"精气神"——精髓、气量和精神，这就是人之命，两种形式的能量（来自天与地）共舞谓之"神"。

《黄帝内经》接下来谈到了"魄"，"魄"创造和管理外部的现实；另外还谈到了"思"，人们利用"思"来分析和理解世界；同时告诉我们什么叫作"意"，思想的积累形成了"意"，来自经验的积累；

最后是"志"，即意志力，一种潜意识的表现。

至于人体，中国传统观念认为人体由五种元素组成：水、木、金、火和土。可以这样理解，太阳和水赋予植物生命，植物的存在又赋予其他形式以生命，我们吃的任何东西最终会回归于水和土地。我们现在知道，人体的60%是由水和多种矿物质组成，通过消化过程，我们吃的东西成为身体的一部分。人体是一个高度复杂的系统，能够形成多种化学物质和生化物质，从而在一定程度上能够自行修复。

与中国传统观念类似，量子范式对人类生命的看法是，人体既是一个同相振动的一致性系统，作为宇宙中更广泛进化的一部分，也是一个意识单位，是个体进化过程中所有感知整合的结果。

2. 为何而生？——道

几千年来，中国传统思想的基本理念是：生命的目的是繁衍生命，努力与自然保持一致。当人类追随其本性，依自然之动力行事，生命就被创造出来并充满勃勃生机。"道"所进化之"气"引导人类顺应其本性和"道"创造出生命，让生命繁茂。世间万物共同作用，在与自然的合作中走向生命的繁荣，人类尤其如此，因为他们处于意识和进化的最前沿。

如果一个人理解了"道"，他就与本源相结合，成为一个自由的灵魂。这种人不附和任何人，只关注自己的本性是否与"道"一致，并遵循"道"去创造；同时，他还能在"合一"中创造，生活在自由的状态之中，这一切都需要有智慧。一旦拥有了智慧，人们就能够创造并遵循自己的人生目标。

因此，生命的目的是繁衍生命，使人类赖以生存的生物社会系统得以繁荣。人类应该顺势而为，即"无为而治"，并顺其自然，与其他的生命形式和谐相处。生命的目的是与宇宙的进化能量同步,实现了这一目标,人类就达到了幸福的状态。

人类从构成每个人体的数万亿细胞进化而来,其中的一些细胞形成了一个新的实体,一个具有集体意识的生物社会和生态系统,以一个由70多亿人组成的离散有机体进行传播。这种生物需要良好的运作,从而达到一致性,如果不能达到一致,就无法保持良好的状态。身、心和精神三方面都遵循"道",是衡量人类个体幸福和我们所知的更广泛的人类群体幸福的关键。

3. 何为幸福? ——中国哲学体系

幸福的概念很重要,因为幸福是个体和群体(无论大小)所追寻的目标。幸福是一个完整的系统,缘于生命是一个完整的系统。"生"即万物,万物即"生",因此只有万物皆好,人类才能幸福。这一源自中国传统的结论完全符合当代科学范式的整体性原则。

在中国哲学中,幸福是指每一个系统都无间隙地、自然地调整并创造出一种万事如意的状态。"幸福"一词在汉语中可以理解为"自由自在",意味着一种"无忧无虑,活在当下"的生存状态,在这种状态下没有对抗,是一个像新生儿一样完全开放的状态。为了达到这种状态,人类需要与宇宙融为一体,一旦如此,则会被"赐福",汉语称之为"幸福"。

大多数人的目标是过上无忧无虑的幸福生活,幸福意味着通过唤醒人类对于合作与创造的意识,以及与美好生活所必需且一致的愿望来实现这一目标。人类需要让宇宙的动力在其内部流过和显现,因为创造力和动机都与幸福的状态密切相关。幸福是一个完整的系统,只有整个系统都处于良好的状态,个体才可能幸福。当人们觉醒时,他们与"道"同行，正如蜜蜂授粉和鸟蛋孵化一样，人类顺"道"而为，通过合作创造生命，以无缝、自然的方式适应彼此。

应该指出的是，幸福不同于健康。"幸福"是一种理想的生活状态，而"健康"是指人类对自己进行干预从而使自身身体状况得到改善的状态。我们的生活状态并不总是那么好，有时需要采取一些方法使我们更接近与宇宙的一致。幸福的生活是通过遵循"道"，实现统一，其结果是真正的快乐生活。

身心健康是幸福的重要组成部分，健康的反面是生病。《道德经》中这样阐述健康与生病之间的区别：

知不知，尚矣；

不知知，病也。

圣人不病，以其病病；

夫唯病病，是以不病。

换言之，疾病源于无知，一旦了解，疾病是可以避免的。如果你不知道，而且你知道自己不知道，那没关系；但是，如果你不知道，却声称自己知道（这种现象随处可见），那么你就处于一种病态。这也就是为什么有人说，圣人知道疾病的症状，并且他们很警觉，一旦出现症状就马上治疗，所以他们不会真的生病。

4. 何为良药？

"良药"是觉醒之旅，因为无知，我们需要从无知中觉醒。更具体而言，良药是指人类的任何行动或干预，以促使我们顺应"道"，即顺应宇宙之能量。

要了解"良药"，首先必须了解所有疾病的起因。良药让人类走在一条与自然和真实并行的路上，去倾听、培育和觉醒，从新的意识角度去合作并创造。在医药和康复领域采取一套完整的方法，可以让人类摆脱那些使人们走向衰败和毁灭的力量。

《黄帝内经》详细解释了人体十二个不同部分的分类，以及每个部分的作用，类似于政府机构中的部门体系。为了保持健康，所有的活动都必须符合宇宙的结构，以二十四个十五天（即节气）和五个方向（方位）①进行布局，使得时间和空间与我们的生活协调一致，使人们对生活感到满足。人们把这看作是一种幸福的状态，是根植于生活的美德。

因此，人体是人类已知的最复杂的"药剂工厂"。我们的身体有自我疗愈的能力，但当我们的身体与自然界失去平衡时，就会出现信息不对等，导致身体无法生产出健康所需要的"药剂"；而当信息正常流动时，身体会达到自我平衡并治愈。这是"道"为了生长和繁荣而产生的自然运动。无知是一切疾病的根源，幸福始于健康和对症下药。

生命之旅——儒家关系伦理体系

《大学》

中国传统中实现"善"的人生旅程是由儒家关系伦理体系框定的，其中道家所倡导的长寿、自由和健康元素与佛家所倡导的幸福永恒和痛苦终结元素相融合，从集体的角度来说，人生旅程的目标是创造一个人类社会，一个"大同"的社会，而对个人而言，人生之目

---

① 五个方位：东、南、西、北、中。

标是到达创造的顶峰，完完全全地发掘出我们身体的潜能。中医的生命范式是三种思想体系的结合：儒家、道家和佛家，生命之旅是由这些相互紧密结合的思维方式所支配，它们在起起伏伏的阴阳循环中是统一的，这就是"道"，是千百年来中国社会基础伦理体系的根基。

人生旅途的初衷是渴望达到天人合一，达到"与宇宙合而为一"，换言之，是遵循"道"，从而与自身、他人和宇宙和谐相处。

如何实现这一目标？万物皆从个体开始，从个体的意识转变开始。如前所述，《道德经》提供了人类心态的一个等级链，并要求人类努力追求等级链的最高层次"道"。在不断调整去适应宇宙的过程中，人类有机会找到意识转变的新途径、新方法。为了调整自己，人们可以进入新的状态，但具有讽刺意味的是，只有触及根本的破坏和混乱，才有可能产生真正的新体系。人类在挑战中进化，挑战越是混乱，它所催化的意识转变就越巨大。

当自我、他人与环境这三者之中的任何一方感到不适时，联系就会消失，而这时混乱就出现了。重建这三者之间的联系是通往幸福的唯一途径，尤其当与自我的内部关系处于和谐状态时，我们与他人和环境的关系就会随之改变——改变自己，周围的世界就会随之而变。正如《道德经》中所提到的，顺道而为才可得福，逆道违势终究是祸。"大同"的概念基于"和而不同"，这种人文社会观折射出真实的自然界和多样性：鸟类和蜜蜂、花卉和树木是如此不同，但万物皆和谐存在，在创造生命的自然运动中通力合作，这是和而不同。"道"使得万象更新，人类如何参与，以及为了"得道"需要忍受多少痛苦，这些都在于人类自己的选择。

儒家伦理观为人生之旅和构成我们经历的关系提供了一个框架。几千年来，遵循这些生活伦理已被证明是有效的。人们认为，一个人只有在系统良好的情况下才能保持健康，而系统也只有在所有关系良好的情况下才会正常运转，而处理这些关系是儒家伦理的精髓，正如儒家经典之一《大学》中所阐述的那样。《大学》是一本生命之旅的指南，在全球混乱期间为我们提供了一个重新架构起联系的模型。

孔子生活在大约 2500 年前，他的经典著作为那些渴望在儒家关系框架内实现统一的人提供了指南。在大约 1000 年前的宋代，孔子的著作被选为科举考试的内容，此后就一直成为中国传统教育体系的基础。

按照中国传统的教育体系，12 岁以前，积累知识和背诵经典；12 岁左右，随老师一起去游历，体验不同的风土人情；到了 15 岁，就被当作成年人看待了，开始学习如何协调人际关系和生活关系伦理。

《大学》阐述了人类需要面对的所有关系，以及在此关系框架下人类应该如何生活。其目的是让人们按照宇宙给予他们的"德"来创造，这是人类的天性——与生俱来的"德"。这种天性可以让我们的创造力日日更新，不断地去创造，同时健康的关系可以强化联系和增强集体凝聚力。《大学》在开篇就阐述了它所希望达到的目标：

大学之道，在明明德，在亲民，在止于至善。

《大学》的目的在于发展这种"善"，而"善"需要进行全方位的衡量。我们的选择、决定和意图越全面，人们的境况就越好，因为幸福是整个系统的功能。"善"的概念从个体一直延伸到宇宙，对个体而言，目标要与宇宙的本质保持一致，以便我们的意识和意志力前进的方向是正确的，然后在家庭、国家和天下万物的背景下开始修身之旅。超越个人，"善"的概念延伸到宇宙和"大同"的概念，这是一种乌托邦式的世界观，追求万物的平和，所有元素都在和谐中共同繁荣，而这就是儒家关系伦理的基础。

《大学》对于理解生活中必不可少的人际关系存在的基础至关重要，而且即使在今天，这些观念还影响着中国人的道德观和创造力。孔子的弟子曾子所著的《大学》可以看作一本集大成之智慧的框架，包含佛教八正道和道的哲学，所有这些都适用于儒家关系中健康伦理体系的框架，通过自我修养、谦逊、尊重终身学习和德行来实现完善，从而在实践中能够建立起积极向上的关系，让自己从无知中解脱出来，并按照自己的天性做出明智的选择。

《易经》

《易经》在英语中被翻译为"改变之书"，对于指导人们的人生旅途具有重要意义。书中分析了生活中积极和消极的影响：两个孪生的概念，"凶"和"吉"，一个负面，一个正面。我们可以把这两个概念看作一个矩阵，实际上，就是一个数学模型，反映了来自三方面能量的相互作用：宇宙、地球和人类。《易经》提供了一种通过改变个人生活而最终改变命运的策略，通过意识上的转变，让人能够把事情看得更透彻，从而使一切成为可能，以此行事就能过上幸福的生活，快乐而满足的生活。在中国人看来，地球上每个人都渴望得到幸福，幸福地生活。一个人时时依"道"而行，就会越来越幸运，以"修身"为起点，朝着"道"的方向踏上人生之旅，之后"悟"，"悟"后则《易经》中所描述的幸福就在你的掌控之中。

《易经》中的一段文字论述了实现人生目标所需要具备的智慧：

第一个维度：能够看到未来并预测未来，这是幸福；

第二个维度：能够辨明源头，能够合一，这是幸福；

第三个维度：能够自由自在，过上幸福的生活，这是幸福。

可以说"幸福"是"幸运"的同义词，而在汉语中，"幸运"就是"吉"。《易经》中提到的"幸福"的三个维度构成了用心生活的一种方式。

《黄帝内经》《大学》《易经》这三本书和佛教的《心经》组成了一套完整的智慧修行方式，在"合一"中过着自由和快乐的生活，这启发我们，要拥抱这样的生活态度，认识到我们的"德"。这个过程的核心在于觉醒、调整、合作和创造。中国人从小接受的教育是：要牢记，创造来源于与生俱来的"德"，来源于真性情，如果依此行事，则会达到"善"，会"合一"，会"皆大欢喜"；如果做决定时基于为"人人"，那么就会为进化的过程增值，这就是"善"。

《大学》就管理我们生活中的关系伦理这一主题提到了以下观点：

物格而后知至，知至而后意诚，意诚而后心正，心正而后身修，身修而后家齐，家齐而后国治，国治而后天下平。

这一系列过程是一场探索之旅，通往真理之地，在那里，个体可以掌控自己的命运，并以"合一"的方式管理周围的一切，其结果是乌托邦式的"大同"、地球上的和平和生命的繁荣。生命是一个进化的旅程，目的是创造生命本身。幸福意味着"合一"、自由和活在当下，接纳这一通往幸福的途径，我们得到的回报是快乐的生活。

中国传统在当今社会的意义

当我们展望幸福时代的到来时，对于东方传统智慧的探索，更确切地说是对中国传统智慧的探索，可以将我们带到进化的下一个层次。中国的世界观源远流长，具有无与伦比的连续性，是与我们的未来息息相关的基础。在这里，我们讨论的重点是古老的深奥智慧和文化实践，而不是当代中国的经济或政治地位或其当前的任何蕴含和影响。

在新时代到来之际，人类需要改变自己的生活方式，更加关注生活和人生之旅，需要重新思考一切。人类的基本生活系统，必须独立于当前存在的世界结构而进行重建，要从牛顿和亚当·斯密等人建立的以唯物主义思想定义的第一次科学革命时代，转变到以生命科学定义的第二次科学革命时代，再到人类生活中对技术的大量使用。这一切都将发生巨大的改变，将彻底改变人类的生活方式，打破全球空间和时间的界限，使人类迅速走向"合一"的目标。

宇宙不间断地调节自身及其系统，反映出多样化中的协作。这是一个动态过程，通过调整其元素来达到和谐和平衡，人类需要意识到这种安排背后的深意：之所以能够这样做，是因为人类有创造性。究其核心，即人类不能违背自然规律。我们有必要认识到这样一个事实：自然界中的万事万物都在不断地平衡与再平衡，在追逐繁荣的过程中，在自然运动中，相互协作。

研究量子范式的当代科学家不断证实这一说法的正确性，科学领域正在出现一种更全面、更少冲突的方法，这门科学比以往任何时候都更有能力将用心生活、寻找目标和幸福融入我们日常生活的框架之中。中国人认为，成功是"天时地利人和"的结果，这也是量子范式的一种表达。目前是觉醒的最佳时机，人类已经准备好进入一个全新的阶段，利用这次机会去创造"大同"。要做到这一点，需要将意识提升到一个所有人都能看到彼此的"真性情"的水平，并以"真性情"来引导我们的关系，从而使人类自由地自然进化并创造出新的生命系统。新时代需要新的教育体系，使人们能够做好准备，与宇宙和自然和谐相处；此外，还需要一种新的途径，正如儒家经典《大学》所做的这样，引导我们关注人生之旅。

我们的目标是在尊重多样性的同时实现和谐统一，使人类社会成为自然现实的一面镜子，通过将西方生命科学与中国传统智慧相结合，创造出一个普世伦理的基础架构，这将指引人类走向"大同"，一个不仅尊重多样性，而且在创新和合作的过程中得到有效利用的社会。只有多样性才能创造出伟大不凡的事物，相同事物结合在一起创造出的只是更多相同的事物。

未来肯定会有越来越多的人意识到这一点，并在一个"合一"的社会中过着有目的的生活。未来必将与现在不同，因为人们的生活方式与现在不一样：技术进步将会使人类的生活更加贴近自然，人们可以选择与家人和他们居住的社区离得更近，并将工作和学习更有机地融入生活；经济学的基础将发生变化，因为经济学探讨的是满足人类欲望的活动，而随着生活重心转移到人类的幸福，这些欲望将发生变化；在技术的支持下，随着更高效的分配机制的建立，城市规划和整个城乡关系也会发生变化，人们看问题会更加全面，就像荷兰历史学家鲁特格尔·布雷格曼（Rutger Bregman）在其著作《现实主义者的乌托邦》（*Utopia for Realists*）中所描述的那样，人们越来越认识到，经济模式必须从以人均收入和 GDP 增长为基础转变为以幸福和快乐为基础，在这种新的情况下，没有消费主义的存在空间，至少在人们都是带着目的去消费的情形下是没有的。

中国传统思想的一个重要组成部分是"不浪费"：不浪费自然，不浪费任何东西，把回收利用作为最重要的经济活动之一。如今，人们太浪费了，这也影响了经济，那些花的比挣的多的人会变穷，但那些赚的比花的多的人会积累财富，这是一个非常简单的原则；然而今天，社会体系促进了信贷的发展，鼓励人们消费未来的财富。尊重资源是按照自然规律用心生活的一部分，各种系统总是在调节和再调节中达到平衡。

科技工业体系已经生产出足够的一切来支撑地球上每一个人的生活，所缺乏的是一种全局的世界观——让我们对生活的目的有一个新的认识，并能帮助我们治愈身心以实现幸福。这听起来像是在做白日梦，但用新技术是完全可以实现的。人类总是在短缺和富足之间摇摆，但只要觉醒，认识到全局的重要性，新技术将促进调整，人类能够迅速重新实现平衡。当需要改变时，万物都将会改变，包括经济、政治和社会结构，技术将被推向一个新的方向，以支持所需要的变革。一旦范式改变，我们面前的整个道路都会改变，人们将觉醒到一个新的时代。但要实现这一点，我们需要不同的结构、不同的行为模式和新的信仰体系：一种在新世界中用心生活的新价值体系，我们需要这样一个叫作"量子范式"的东西。

我们需要运筹帷幄，至关重要的一点，计划中的"大同"包括所有人，按照孔子教导的"善"和"合一"理念，每个人都彼此关心。我们需要一种集体意识和集体方法来珍惜环境，并将当今社会发展成一个生物生态和生物社会一体化的功能体系。人类必须实现这一觉醒，并遵循其生命和进化之旅。

中国视角下量子领导力的崛起

新时代的到来召唤着一种新的领导力，我们称之为量子领导力，正如我们在本书中已经讨论过的，在曹慰德和克里斯·拉兹洛合著的书中进行了进一步的阐述①。这种领导素质在任何过渡过程中都必不可少，量子领袖必须以谦逊的态度，意识到终身学习的必要性，并认识到与宇宙"合一"转变的道路，认识到"道"的存在。我们称之为量子领袖的人有能力带领我们去创造、去进化，从而实现人类的目标，过一种真实而自然的生活。

在生活的各个领域，都有人观察到宇宙的动力，聆听"道"，并利用"道"来帮助人类创造未来。在任何情况下，任何群体或在任何社会中，没有什么比领导素质更重要的了。量子领导力的崛起是那些推动领导力的发展以适合我们当前时代的领袖人物的崛起，我们正处于工业时代的结束以及幸福和更高意识时代的黎明这一时期，而这一类型的领袖人物具有激发转型的创造力。

这些领袖引导意识向全面性和真实性转变。人类是创造过程的一部分，其作用是创造更多的生命系统。觉醒就意味着觉醒于量子范式，量子领袖们负责在保护生命自身完整性的背景下让生命进一步延伸，这是一个完整的过程。要做到这一点，需经历一个由四部分组成的过程：意识、调整、协作和创造。

在中国人看来，新时代的领导力是对"合一"和意识的全面性的觉醒，从这个范式中产生了一个全新的伦理体系，它实际上与"道"

① TSAO F C, LASZLO C. Quantum leadership: new consciousness business[M]. Bloomington: Stanford University Press, 2019.

是相同的。人类的所有行为都必须从全面的角度来看，但要理解我们这个世界全面性的智慧，就必须理解它所组成的系统的本质，也就是《大学》中所阐释的"物有本末，事有始终"。

量子领导力的基本理念已融入中国社会，今天的中国在很大程度上接受了这些理念，通过重新连接传统文化来解决目前所面临的问题。随着中国的发展，教育在其转型过程中发挥越来越重要的作用，中国的教育体系正在改变方向，这反映了一种意识：即将到来的新时代是一个学习的时代，学校课程更加强调中国传统文化和哲学元素。

在不久的将来，中国可能成为世界上最大的经济体，同时它正在寻找一种与全球化和注重可持续性的技术增强型生活模式相适应的新模式，其强调量子科学和技术的重要性，这在世界各国中是独一无二的。

中国传统的世界观包括许多方面，可以很容易地融入其他世界观，这是一个值得在中国之外考虑的体系，因为它提供了一个全面的增长和扩展路线图，旨在让我们的生活更加繁荣。世界需要一个全新的普世伦理的结构性基础，传统的中国体系、世俗和关系，是一个很好的选择。

转向一个基于量子范式的新人类世界观，将改变一切，正如几百年前，由于受到亚当·斯密、艾萨克·牛顿、卡尔·马克思和其他人著作的影响，工业和科学范式发生了转变。那个时代达到了它的目的，如今即将终结。从中国人的角度来看，人类未来的焦点将越来越集中在学习和个人成长上。随着教育和医疗政策的变化，城市生活和规划也将发生变化；随着人类的成长和意识的转变，解决方案将变得更加全面。商业资本领域量子领导力意识的兴起将为服务于幸福时代的资源分配带来智慧和效率。

人类可以选择如何生活，当他们醒悟时，就有机会按照中国人的"大同"理念成为人类社会理想安排的一部分，一个整体、动态、和谐的实体，始终与宇宙同步，无休止地进化调整。

另外，可以参考螺旋动力学模型①来理解这一过程。克莱尔·W. 格雷夫斯（Clare W. Graves）在 1974 年的著作中介绍了这一人类进化和生命的模型。25 年后，唐·爱德华·贝克（Don Edward Beck）和克里斯托弗 C. 考恩（Christopher C. Cowan）在共同出版的著作中对此模型进行了改进。这是一个以颜色编码的八级系统，从生存开始，随着人类社会的复杂程度一步步演进。格雷夫斯随后提出了超越人类目前进化水平的另一个层次，将其视为一个开放的螺旋②，正如唐·爱德华·贝克在 2002 年出版的《螺旋动力学》（*Spiral Dynamics*）一书中所描述的：

螺旋漩涡最能体现人类系统或记忆体的出现，因为它们在不断增加的复杂性中进化，螺旋的每一次向上旋转都标志着一个更复杂的版本在已经存在的基础上的苏醒，每一个记忆体都是其时间和条件的产物，这些记忆体在一个人、一个家庭、一个组织、一种文化或一个社会中形成了越来越复杂的螺旋。③

无论应用什么理论，无论是古代的还是现代的，我们都可以清楚地看到，人类正朝着生命旅程中的下一个进化阶段前进，它正在发展

---

① 克莱尔·W. 格雷夫斯在 1952 年打下基础，之后由唐·爱德华·贝克和克里斯托弗·C. 考恩引入，最后由肯·威尔伯（Ken Wilber）在其"全象限"理论中进行了改编。

② 格雷夫斯认为螺旋是有生命的，神奇而强大，是多维的。螺旋经常被用来代表进化和意识，因为自然界有很多与此相关的例子，比如贝壳、蜘蛛网和 DNAs。

③ BECK D E, COWAN C C. Spiral dynamics: mastering values, leadership and change [M]. New Jersey: Blackwell Publishing, 2002.

一种更高形式的意识，一种更真实的意识，并在更巨大的整体中达到"合一"。量子科学提供了新兴范式的基本概念，中国古代智慧提供了"道"，将这二者融合为一个完整的系统，就出现了一个新秩序，让我们在幸福新时代的曙光中用心生活。

第三部分

通往新时代之路

第 **5** 章

CHAPTER 5

当代思想领袖采用的途径

　　我们已经探讨了西方基于科学的和东方的中国基于传统的通往幸福时代的途径。接下来，我们将展示当代思想领袖一系列颇具创新性的途径。

唤醒新的人类叙事的力量

格雷格·布莱登（Gregg Braden）

我们每个人生活，解决问题，疗愈身体，投入社会的建设，都是基于对自己的认知——我们的叙事。

人类生活在一个智能、相互联系的宇宙之中，而不是一个无菌的、空荡荡的真空世界里，生命诞生于合作而非随机的基因突变和"强者生存"的逻辑，当我们理解这一发现时，所有反映这些发现的技术就成为解决当今人类所面临的那些令人束手无策的问题的自然解决方案。

在这样一个世界里，全球大家庭里的每个成员都能够享受清洁、廉价的能源，每个人都能吃到健康的食物，都有机会平安地生活并努力实现自己的梦想，而我们和这样一个世界之间的隔阂，即是否有意愿接受这些价值观，并视其为最珍视的首要考虑的任务。正是这种思维的转变，即本书中讨论的"范式转变"，为新的人类叙事添加力量，带来希望：这就是新的"量子范式"。

我们的叙事至关重要

讲好我们自己的叙事，意味着我们无法逃避。这个叙事为我们界定了一个镜头，通过它，人类采取行动，应对所面临的这个时代最大的挑战。例如，我们目前对气候变化、全球性流行病、经济衰退以及技术和人工智能在我们生活中作用的反映，都是建立在我们所掌握的对自我的认知上。人类与地球的关系，以及最终与宇宙本身的关系，支撑我们开发技术、制定法律、实施政策。

我们的叙事影响着我们如何在国与国之间分享食物、水和药品等重要资源，决定了我们为什么、何时、如何开战，以及何时选择接受和平。

我们的叙事的含义已融入日常生活，表现为我们选择用来滋养身体的食物，以及照顾自己、孩子和年迈父母的方式。我们的信念甚至决定着我们选择拯救一个生命或结束一个生命时的想法。当我们思考这个问题时，我们的叙事，这本书中流行、先进的一面，以及欧文·拉兹洛和拉兹洛研究所之前的著作中所称的"新范式"，成为我们所做的一切的核心，并界定了我们所珍视和拥有的一切。

正因为我们如何看待自己在生活中扮演着如此重要的角色，所以讲好我们的叙事至关重要。我们有责任尽可能诚实、真实地讲述我们是谁，我们与他人和自然界的关系，这包括跨越学科之间，也包括跨越我们过去的认知局限，还包括当新的证据出现否认了现有的叙事时对其进行修正。

尽管我们的叙事的真实性在任何时候都很重要，但目前对我们而言尤为重要，原因很简单：因为现在不同了。我们所处的时代不是人类历史上的普通时期，今天，当代最杰出的人告诉我们，人类生活在一个不同于过去的极端时代，我们在这种极端情况下做出的选择将引领人类走向最伟大命运的巅峰，或是坠入最黑暗命运的深渊，我们自己需要做出抉择。

现在不同了

我们所处的极端时代是历史上一个很独特的时期，自然的变化周期和人类的技术周期交汇，展示出我们这一代人的思考和世界观的形成。在这个时代，我们能够预见世界以及人类的生活将发生重大转变。在这里，我需要明确一点，我所说的转变不一定是坏事，也不一定是好事，只是巨大的转变，而且这些转变以一种你我都无法低估或忽视的方式正在发生。

从1974年成立的世界观察研究所（Worldwatch Institute）独立研究重大全球问题，1982年成立的世界资源研究所（World Resources Institute）分析环境政策的那些令人钦佩的专家学者们的研究，到联合国教科文组织（UNESCO）由95个国家的1300多名科学家起草的《千年生态系统评估综合报告》（*Millennium Ecosystem Assessment Synthesis Report*），显然，我们这个时代最杰出的人已经前所未有地对人类提出警告，提醒我们警惕不可持续性的危险趋势。我们现在生活的时代就处在研究中预测的时期内，人类正在经历的变化的幅度应该引起我们的警觉和关注。

2005年，《科学美国人》（*Scientific American*）出版了一份名为《地球的十字路口》（*Crossroads for Planet Earth*）的特刊，让我们更强烈地感受到自己的这一生必将不平凡。这一议题的目的有两个：一是确认人类已进入其历史上一个独特的时期；二是确定哪些全球危机，如果不尽快加以制止，将有可能终结人类的生命和文明。

2003年，著名天文学家、英国皇家学会前会长、剑桥大学天体物理学教授马丁·里斯爵士（Sir Martin Rees）提出，我们还需要考虑到一种新的危机，他称之为"人类诱发"的危机，包括对关键基础设施的网络攻击以及生物技术和人工智能的进步。①

这些组织以及其他一些机构希望公众能够意识到：他们报告中提及的每一种场景都是灾难性的，将影响我们的子孙后代，而所有这些都正在发生。这些报告得出的结论是一致的：如果我们期待人类在地

---

① REES M. Prophet of doom? [EB/OL]. (2003-04-25) [2021-05-19]. http://news.bbccouk/1/hi/in_depth/uk/2000/newsmakers2976279 . stm.

球上再存活 100 年，就不能延续像过去那样的生活。也许进化生物学家威尔逊（E.O.Wilson）的话最能够形象地描述我们这个极端时代。在《科学美国人》杂志中一篇题为《人类的巅峰》的文章中，威尔逊认为，人类正生活在一个"时间瓶颈"中，当资源和解决当前问题的能力都面临压力时，这种压力将被推至极限。[①]

也许正是因为威尔逊所描述的"瓶颈"，以及这样一个时代对我们生活的巨大影响，人们甚至不愿承认我们生活的时代的确与众不同。在承认的确存在问题之后，淡水将会变得多么稀缺？资源持续萎缩的情况下，世界人口又将会翻多少倍？有多少大银行将会倒闭？我们离新的全球性的战争又有多远？除非人类改变思考问题的方式，否则一旦我们认识到已陷入困境，届时或许已经走入更大的困境，那情况该有多糟糕！

好消息：我们还有时间做出正确的选择

人类的自我认知与接受新的创新解决方案以应对所面临的极端问题的意愿之间有着直接的联系。幸运的是，科学赋予了我们一个起点，也给了我们一个理由，让我们认识到目前身处人类历史上前所未有的时代。

虽然在《科学美国人》杂志的报告中得出的结论实实在在地描述了人类作为一种文明所面临的挑战，但同时也带来了一线希望，如果决策者能够正确把握，人类的未来将由无数个平凡的决定得到保障。正是在日常生活的细节中，取得最意义深远的进步。

正是在这一线希望中，我们发现了好消息：人类拥有了一个反思

---

① WILSON E O. The climax of humanity [J] // Scientific American，2005，293（3）：44-47.

过去的千载难逢的机遇，我们需要做出新的选择，为子孙后代带来清洁、健康和可持续的未来。

最好的消息：我们已经有了解决方案

我们发现，当一些极端事件发生时，自己经常关注其造成的严重后果，对此我们往往有充足的理由，但往往没有意识到，其实这些极端事件同时也给我们带来了最好的消息：人类已经有了解决当今世界面临的最大难题的办法，即那些技术解决方案。我们已经找到了解决人类面临的最大挑战的技术，已经理解了一些先进的原理，那些我们所能想到的最严重的问题已经得到了解决。此时此刻，就在这里，我们已经有了解决方案，它触手可及。我之所以这样说，可以通过以下事实得以证明：

● 事实 1：人类已经有充足的食物来养育生活在地球上的每一个孩子、每一个成人。

今天，全球农业生产相比 30 年前多产出 17% 的卡路里，足够每人每天消耗至少 2720 卡路里。① 然而，全球大家庭中仍然有 6.9 亿成员在挨饿，并不是由于粮食短缺，而是贫困、经济差距、气候变化和缺乏领导力所导致的后果，这使得养活我们这个全球大家庭成为当务之急。

● 事实 2：我们已经拥有成熟的技术，可以利用丰富的材料来制造清洁、可靠、廉价的电力，这些材料不会产生任何温室气体，不能用来制成武器，也不会像核反应堆那样熔化。

如果我们真心想找到一种不会产生温室气体的能源，利用这种能

---

① 2013 World hunger and poverty facts and statistics[EB/OL]. Hunger Notes.（2020-02-19）[2021-05-19]. http://www.worldhunger.org/articles/Learn / world % 20hunger % o20facts % 202002. htm .

源可靠、持续地生产出大量电力，那么元素周期表中第 90 号元素"钍"应该是首选。除了利用可再生资源发电，如太阳能、地热和风力，作为传统电力的补充外，钍反应堆作为一项成熟的技术，目前已经建成了不少的钍发电机组，并在包括印度、德国、中国和美国在内的国家成功使用。在美国，有两种钍发电机组：1962 年至 1980 年运行的"印第安角发电机组"和 1963 年至 1968 年运行的"麋鹿河发电机组"。①

虽然我们需要更多的研究来开发钍技术，以满足世界范围内大规模的需求，但它有望成为一块垫脚石，在我们致力于寻找一种清洁而充裕的最终能源的过程中帮助我们渡过难关。

● 事实 3：我们已经知道如何减少极端贫困现象，极端贫困一直是痛苦的根源。

联合国千年发展目标旨在减少世界上极端贫困人口（那些每天靠 1.25 美元生活的人），这一目标正在发挥作用：第一个目标是在 1990 年至 2015 年期间将世界上生活在极端贫困中的人口比例减少一半，这一目标实际上已在 2010 年实现，比计划提前了五年。这告诉我们，真正的变革是可以实现的，并且已为推动进一步的努力奠定了基础。

● 事实 4：我们已经知道如何以合作和共享为基础（而不是通过竞争）来打造清洁、绿色和可持续的经济。

合作或共享经济的基础是技能、商品和服务的交换，而不是根据预期的需求或短缺来储备产品。基于共享经济原则创建的新兴企业包括爱彼迎（Airbnb）、优步（Uber）和来福车（Lyft）等，以及通过众包融资实现的项目。预计到 2025 年，这种快速扩张、协作的商业形

---

① STENGER V. LFTR : A long term energy solution？[N/OL]. HuffPost（2019-04-25）[2021-05-19]. https://www.huffpost.com/entry/iftr-a-longterm-energy-so_b1192584.

式将占传统租赁市场的 50%。

● 事实 5：我们已经懂得如何依靠本地食物、经济、能源、教育和医疗资源创建可持续的、自给自足的社区。

从生活在意大利北部，由 600 多居民设立的富有集体性、教育性，具有共同精神寄托的社区达曼胡尔联合会（Damanhur Federation），到新墨西哥州北部自给自足的夯土家园的地球船社区（Earthship Communities），以及由著名建筑师保罗·索莱里（Paolo Soleri）创建的亚利桑那州阿科桑蒂社区（Arcosanti Community），几十年来，本地化生活的成功已经在 20 世纪以及现在的 21 世纪的其他社区得到了证明。在极端情况发生时，如关键供应中断、由于集中化和被污染的农产品引发疾病、大型经济体崩溃以及失去集中电网的电力供应，这些社区不太容易受到影响，也更具弹性。

● 事实 6：我们已经拥有治疗常见疾病、抵抗衰老和针对人体单个器官和腺体愈合的成熟知识。

最近一些新的发现，如在人脑中发现了一类新的神经元，发现一类新的干细胞无论年龄大小都保持着活力，以及人类心脏中的 4 万个感觉神经突，都进一步证明了人类天生就可以通过体内自我调节来达到一定程度的恢复和发展。

当我们思考这些事实时，显然已经找到了解决我们所面临的能源、气候、经济和医疗方面最严峻挑战的方案。我们已经理解那些先进的原理，这些技术已经有了，接下来显而易见的问题是"解决方案在哪里？"。这个问题的答案也许就是最好的消息，因为这个答案在人类的掌控之中，但同时又凸显出人类所面临的最大危机是思想危机。

我们的思想是应对新兴世界需求的关键。你我都需要去完成一些前所未闻的任务，我们所面临的挑战将从根本上改变人类的自我认知以及人类与世界的关系。改写我们的叙事，转变我们的范式，并且要以比以往更快的速度进行改变。当我们学会把生命、健康、社区和创造力等我们最珍视的价值观作为生活中的头等大事时，那些原本就存在的解决方案就成为人类应对极端世界的自然回应，而非特例。

接受这些发现所揭示的选择，并将那些能够减轻世界如此多痛苦的技术付诸实践，完全取决于我们对这个问题的答案：愿意接受新的发现、新的范式和新的人类叙事，并在我们的生活中优先考虑这些可能性。为了接受新的人类叙事，我们需要重新认识那些现存的、曾经被教导去相信的叙事，正如本书第二章所讨论的，300 多年来，全世界的学生一直沉浸在一种科学理论中，这种理论告诉我们：（1）人类纯粹是随机过程和生物意外的产物，似乎无视一切其他可能性；（2）人类存在于一个已经枯死的宇宙中，这同样是随机过程和宇宙学发展极其幸运的结果。

如果我们的确生活在一个由惰性物质，比如爆炸的恒星尘埃或小行星碰撞和行星解体产生的碎片，构成的已经枯死的宇宙中，那么我们过去的所作所为就是尽最大可能利用所有可用资源，并从这些资源中获取利益求得回报，这就是有意义的；然而，新的发现表明，这两种看法都已经过时了，因为它们不再是生命和宇宙的叙事，也不再是我们的叙事。

超越幸运的宇宙观

新兴的科学思想认为宇宙是一个有生命、有意识的实体。拉兹洛新范式研究院（Laszlo Institute of New Paradigm Research）研究员兼教育家杜安·埃尔金（Duane Elgin）以及欧文·拉兹洛本人的著作是介绍这一新范式及其意义的前沿作品，这些著作都是基于科学界目前掌握的证据，宇宙就像一个正在成长和进化的生命实体，而不是一个被动的无生命体。

埃尔金和拉兹洛都告诉我们，人类对宇宙的看法以及在其中所处的位置，就是我们生活和解决问题的基础，甚至每天都是如此，尤其当涉及如何彼此相待时，更是如此。

从新叙事或新范式的角度来看，人类的消费主义习惯和对自然资源的开发反映了一种无生命宇宙的世界观。这绝非巧合，正是这种看法让我们认为世界是一个巨大的资源宝库，人类可以主宰它。用埃尔金的话来说，我们的看法，即认为人类处于一个没有生命的宇宙中，决定了我们"代表活着的人去使用那些已经死去的东西，因而消费主义和开发开采很正常"。除了极少数例外情况，这就是过去的人们习惯性的思维和生活方式，这一思维定式的问题在于，它最终导致了有限资源的枯竭、不可持续的粮食生产形式以及众多的争端，而这些争端正是当今众多苦难的根源。

新范式的研究表明，人类是生命系统的一部分，了解人类与宇宙的真实关系能够改变我们每天对待彼此的关系，最终将引导人类走向一个可持续的、充满合作的世界。人类在生命系统中观察到的东西与在整个宇宙中观察到的东西之间存在着相似之处，从而证实了我们的这一观点。从微生物和神经网络，到生态系统和整个种群的行为，所有的生命系统，无论大小，都表现出能量和信息共享的特点。为了支持这一理论，埃尔金描述了我们所知晓的宇宙所表现出来的性质：

- 宇宙是一体的，能够以超越光速极限的非局部方式瞬间与自身沟通；
- 宇宙由超出我们想象的巨大能量流维持；
- 宇宙在其最深处的量子层次上是自由的。

虽然这些特征本身并不一定证实人类是宇宙生命的一部分，但它们的存在与越来越多的信息表明事实的确如此。由此推断，作为生物，人类无法将自己与这种宇宙间的能量与信息交换分离开来。埃尔金的研究以及欧文·拉兹洛和拉兹洛研究所的研究成果让我们有充分的理由重新思考宇宙本身以及人类在其中的地位。如果宇宙在其最佳状态下不仅仅表现为幸运的宇宙学，那么对我们来说，除了幸运的生物、原始竞争和强者生存之外，宇宙还有更多的意义。现代世界最杰出的科学研究也认同这一点。

超越幸运的生物学

人类的自我认识，从人类进化和遗传学到新兴的神经心脏病学（大脑和心脏之间的桥梁）的新发现，颠覆了 150 年的科学思想。新的人类叙事告诉我们，大约在 20 万年前地球上出现了人类，今天科学家们称其为现代解剖学人类（anatomically modern humans，AMH）。虽然在人类出现的日期这一点上科学界基本已达成一致，但引发争议的根源在于人类是如何出现的。

人类存在的本质违反了达尔文进化论的共同发现者阿尔弗雷德·华莱士（Alfred Wallace）提出的进化原则。该原则指出，"自然永远不会赋予一个物种超出日常生存需要的能力"。换言之，赋予我们生存优势的特征只会在生存过程中出现。但问题是，人类出现时，已经具备了一系列非凡的能力和其他有待开发的潜力，远远超出了满足日常生活需要的范畴，也就是说，从生物学的角度来看，就程度而言，人类被赋予得过多了。

例如，在 20 万年前人类刚出现时，其大脑已经比离我们最近的灵长类"亲戚"大 50%。人类的大脑中已经有了人类特有的神经元，包括"玫瑰果"神经元，用来调节大脑皮层中的目标信息流。人类已经有了神秘的合成体，它创造了 2 号染色体，并赋予人类一些独有的能力，如移情、同情和怜悯，以及根据需要对生理进行自我调节的能力。人类的心脏已经有了 4 万个感觉神经突，建立起一种独特的神经网络，能够独立于大脑进行思考、感觉、学习和记忆。人类已经具备独特能力，能够在心脏和大脑之间建立连贯性，而且能够根据需要去使用这些能力，以优化我们的生物、生理和认知潜能，人类已经拥有了更多的能力。

关键是这些特征并没有像进化论中所说的那样，在很长一段时间内缓慢、逐渐地发展，以回应人类的生理需要。自人类诞生起，我们就已经拥有了这些功能。我们将人类目前的 DNA 与从过去解剖得到的现代人类遗骸中提取的 DNA 进行对比，发现人类的身体并没有发生改变，我们拥有与数千年前人类的祖先相同大小的大脑、相同的颅骨容量、身体比例、DNA 和非凡的潜力。

虽然科学还没有完全解开人类出现的奥秘，但我们清楚地知道，尽管演化是真实存在的，许多生命形式的化石都记录下了这一现象，但我们所不了解的演化之外的某些东西促成了人类的存在和拥有非凡的潜力。

新范式：新的人类叙事

160 多年前，达尔文出版了一本改变范式的书，即《物种起源》（*On the Origin of Species by Means of Natural Selection*）。这本书旨在为通常意义下的生命多样性，特别是现代人类的起源提供科学解释。然而具有极大讽刺意义的是，现代社会自达尔文时代以来，本期望能够强化和支持他的理论的科学却起到了相反的作用，最新的一些发现揭示了与这个存在已久的科学传统背道而驰的事实，包括以下两个方面：

- 事实 1：自然界的基本原则是基于合作和互助，而不是达尔文 1859 年在他的理论中提出的竞争、争夺和"强者生存"。
- 事实 2：传统人类进化树上显示的关系并非基于实物证据，虽然一些科学家相信这些联系是存在的，但这种联系从未被证实，只是推断或推测。

这些事实，以及许多其他基于同行评议科学的事实，显然不支持一直以来我们所学的关于过去的传统描述。正因如此，我们需要一种新的范式、新的叙事来接纳新的证据，或者反过来说，我们需要根据已经掌握的证据，找到它所代表的新的、与之一致的叙事。

人类不是别人告诉我们的那个样子，人类超出人类的想象

过去，人类的自我认知都来自那些帮助我们理解人类世界的方式：通过在某个特定时间段，家庭和社会所接受、认可的叙事。如果我们待己以诚，接受世界正在经历变革的事实，就能理解人类的叙事也必须改变，这是有道理的。人类成功地迎接并超越生活中的挑战，这种能力始于一个最显而易见而又最难以回答的问题，我们可以扪心自问：如果不能诚实面对那些告诉我们人类是谁的发现，又如何能够度过人类的极端时代？我们是否有意愿承认，这个看似简单的问题实际上非常重要，而我们对这一问题的态度是人类在极端时代取得成功的关键。

从社会角度来看，我们发现自己目前处于两种思维方式的交汇点，虽然同样在思考我们和周围世界的关系，新的范式和埃尔金的"活着的宇宙"为我们提供了一幅生命的图景：从宏观尺度上看，生命有一

个自上而下的目标；在微观尺度上，我们体内的细胞在自我表达。研究化石 DNA 发现了精确突变，为我们提供了从下到上的证据，变异染色体的微观世界可以在活的宇宙图景中产生更复杂的生命表达，从系统思维的角度来看，新的发现和它们的叙事改变了一切。

在新兴的宇宙范式中，物质存在得以维持是由一种与更大的宇宙不可分割的活力支撑着，而人类自己是造物的完整结构中的一部分，从而唤醒了我们与生命浑然一体的联系和同理心。用埃尔金的话说，"认识到我们的身体是弥足珍贵、可生物降解的载体，可以获得不断深化的勃勃生机"。新范式告诉我们，人类没有从世界中分离出去，是世界的一部分，它让我们警醒，人类的生命力是更广大生命力的一部分，生命的目的在于成长、进化和永生，而这些正是我们在生命历程中接受法律、政策和技术的意义所在。

生活中每一份工作带来的满足和挫折，每一段亲密关系带给我们的狂喜和心碎，生养一个孩子所带来的无法言说的快乐或失去孩子的无法忍受的痛苦，夺走另一个人生命的选择和拯救生命的能力，引发的每一场战争以及之后每一次结束战争——通过所有这些经历以及更多的历练，无论是作为个人、社会人还是生物物种，人类对自身都有了更深刻的认识。每当我们把自己推向信仰的边缘时，会发现还有更多的未知领域。如果愿意，我们可以通过新的视角来体验生命的活力并从中获得乐趣。这种选择本身就是活着的宇宙的定义，也是人类在其中所扮演的角色，阿尔伯特·爱因斯坦在科学和哲学方面的研究也得出了相同的结论。

许多科学家努力尝试解开人类存在最深层次的奥秘，他们的发现越深入，就越认识到人类的存在不仅仅是宇宙一次随机、毫无意义的偶然所为。当爱因斯坦被问及存在的本质时，他给出了一个优雅的回复。

人是整体，我们称之为"宇宙"的一部分，受限于时间和空间。每一个人将自己、自己的思想和情感与其他部分分离，这是一种意识的视觉错觉，这种错觉对人类而言就像牢笼，让我们陷入个人欲望，沉迷于对少数几个亲近之人的感情。我们的使命必须是通过扩大我们的同理心，接纳所有的生物和美丽的大自然，把我们从这个"牢笼"中解放出来。没有人能完全做到这一点，但为实现这一目标而奋斗，其本身就是解放的一部分，是内在安全感的基础。①

爱因斯坦的陈述之魅力在于，超越了物理、数字和逻辑，是对一个严肃科学问题的纯直觉的回答。这同时也是一个完美的案例，说明现代科学的进步已经将我们带到了科学可以给出明确答案的边缘。在描述人类和人类叙事时，存在着一个无法言喻的界限，在这个界限内，无法用科学去解释具体细节。这是因为人不仅仅是那些可以测量的细胞、血液和骨骼，对我们人类而言，还有质的方面，而这是无法用纯粹的科学术语来定义的，至少我们目前所了解的科学做不到，而正是这些质的方面让我们能够理解人类存在最深层次的真理。

人类作为一个生命体生活在一个更大的生命系统中，这一发现意味着生命不仅仅是出生，在地球上享受一些年，之后死亡，而意味着在我们所知道和看到的一切背后，生命是有目的的。科幻作家雷·布拉德伯里（Ray Bradbury）可能表述得最好：

人类是力和物质创造的奇迹，它将自身转化为想象和意志，简直难以想象，生命之力以各种形式进行着尝试，你是其中之一，我是另外一个，宇宙大声呼叫着自己，让自己活着，而我们是这些呼叫声中的一个。②

---

① 引自阿尔伯特·爱因斯坦写给世界犹太人大会政治主任罗伯特·马库斯的信，以纪念他死于小儿麻痹症的儿子（1950 年 2 月 12 日）。

② BRADBURY R. I sing the body electric! And other stories [M]. New York: Harper Perennial, 2001 : 275.

我们可能会发现，人类所拥有的不凡而先进的能力，如直觉、同情、同理和怜悯，是揭开新的人类叙事神秘面纱的关键。地球上没有任何其他形式的生命能够爱得无私，选择健康的方式接纳变革，自我疗愈，自我调节，或根据需要激活免疫反应。没有任何其他形式的生命有能力体验并在需要的时候表达，比如深度直觉、同情、移情，以及最终的怜悯，而所有这些都是爱的表达。这些人类独有的体验告诉我们，人类的生活是有目的的，而目的可能很简单，就是当这些能力出现时，欣然地接纳并利用这些能力来了解我们自己。

问题

毫无疑问，在不久的将来，我们每个人都需要面对改变人生的决定，也许这些决定中最深刻同时也是最简单的，是接受新的发现向我们展示的东西，诸如我们是谁、我们与宇宙的关系、人们彼此之间的关系，其中最重要的，也许是我们与自己的关系。如果我们能够欣然接受，而不是否认那些揭示了新的人类叙事的有力证据，那么一切都会发生改变。有了这一层改变，人类就可以重新开始，在我们自己深层的事实面前，那些与人类和自然的关系以及宇宙的生命本质相一致的技术将成为衡量人类进化的尺度。

归根结底，每个人都必须问自己：生活中，我们有没有好好爱自己？我们内心所想会成为现实吗？我们在生命中每一刻所做的选择就是答案，也是留给子孙后代的遗产。

人类幸福与无路之路

狄巴克·乔布拉（Deepak Chopra）

当你开始思考人类幸福时，一个接一个的谜团开始堆积起来：为什么这么多人不幸福？有一些事情注定会导致痛苦和磨难，而我们为什么依然选择去做？是否存在打开幸福之门的秘密钥匙，而只是等待我们去发现，就像爱因斯坦发现了相对论一样？然而，最令人困惑同时也是最根本的谜是：人类是否真的能够拥有幸福的能力？

对于其他生物而言，进化是天赐之物，为它们提供食物、住所和交配优势，这些都是伴随生存而来的礼物。吞食羚羊的狮子不会考虑猎物的痛苦或因谋杀而感到羞愧，而人类则不同，进化使我们摆脱了束缚。在至少三万年的时间里，晚期智人中的每一个新生儿来到这个世界时，都拥有与现代人类相同的高级大脑，这意味着，当你能够思考自己的存在时，幸福感会发生深刻的变化，没有什么是命中注定的，你可以创造自己的幸福。

这种无限制的存在导致了吉杜·克里希那穆提（J. Krishnamurti）所称的"最初与最终的自由"，换言之，它是每个生命的开始和终结之所。没有什么比自由更重要；一旦拥有自由，你就自由了。但最心仪的礼物也有黑暗的一面，对很多人来说，无限制的存在是无法忍受的。一位文思枯竭的作家，绝望地看着一张白纸，语言和思想的组合有无限种可能，但拥有无限的选择也让人无所适从。

即使有时可以忍受无限制的存在，但也会产生其他问题，有太多的选择会让大多数人远离他们的舒适区。有营销人员说，麦当劳在世界范围内成功的秘诀在于菜单上提供了选择，但基本上只有一种食物——汉堡包。为了解决选择太多的负担，每个社会都采用奥尔德斯·赫胥黎所说的"减压阀"进行运作，无限多样的可能性被压缩到了可管理的少数几个。

有时"减压阀"会带来良性结果。模式一旦确立，如果人们坚持去做那些能够促进幸福的事情，就一定会获得大量的满足感。日本人提到一个概念，称作"Ikigai"，这个概念来源于日本传统医学，即"生存的意义"，如果一个人能够获得"Ikigai"，那他的人生就圆满而有意义。为了获得"Ikigai"，人们必须采取行动，去追求四个主要目标：

你热爱的；

你擅长的；

负担得起的生活方式；

世界需要的。

这一范式基于这样的道德基础：如果不能够实现这四个目标，生存就没有意义。你不能像数数那样把"爱"进行简单加总，而且我们都知道"空虚的爱"和"充实的爱"是有区别的。"Ikigai"这一概念起源于冲绳岛，具体日期不详，这个词本身可以追溯到公元8世纪。"Ikigai"让我们看到一个有目的、有意义的生活是如何构建的，这个概念是数百万日本人日常生活的一部分。

"Ikigai"有一个益处对西方社会没有吸引力，那就是它把每个人都放在同一位置上，集体利益放在首位，而个体是次要的，日本这样墨守成规的民族认为这种观念很重要。但是，把幸福归因于目标驱动的生活，或者把目标植根于狂热的信仰，这两个概念都有好几百年的历史了，这一点并不新奇。

归根结底，循规蹈矩令人窒息，而另一种古老的范式侧重于个人，因此限制较少。那是在印度发现的四重范式，直到今天，在那里，孩子们受到的教育依旧是：人生有四重目标，即吠陀精神传统中规定的阿尔萨（Artha）、卡玛（Kama）、达摩（Dharma）和摩克沙（Moksha）。

阿尔萨是物质上的繁荣；

卡玛通常是爱、快乐和欲望的实现；

达摩是道德，寻找一种正确的生活方式；

摩克沙是通过解放或内心的自由实现精神的满足。

这四重目标是以梵文表达的，但不应该因此而被误导，认为这些仅仅是印度人所有的理念。任何一代出生的孩子，包括我在内，都接受过这四种价值观的教育，那是因为它们具有普适的吸引力，这四重目标对于任何人来说都是可以实现的。此外，只有专注于每一个目标，生活才不会一团糟。观察一下周围，你会看到很多失衡的生活状态：只追求阿尔萨（物质繁荣）和卡玛（欲望），而排斥道德和精神方面的修养。道德和精神为人类的存在增添了意义，人类无法长期忍受的不是贫穷，而是毫无意义的生活。

谈及要害，所有实现幸福的范式都会因为使用"减压阀"而存在致命的缺陷。当无限的可能性被压缩成了为吹嘘自我利益而存在的少数可能性时，代价就太高了。当父母说"这都是为了你好"时，孩子们本能地就会反抗，我们面对幸福公式时也是如此。毫无疑问，传统文化有其优点，但这解释不了为什么不少东方人逃离传统，投入西化生活的怀抱。

一概而论，西方的幸福观是基于一个根本的概念：进步。一代人希望比上一代人拥有更多的幸福，因为外部条件在不断改善。没有人怀疑现代医学已经消灭了大量造成数百年痛苦的疾病；工业革命，或几次工业革命，创造了现代先进的西方社会，带来了我们认为理所当然的一切便利。

但进步仅仅是一个概念，要相信它，必须忽略一切与这个概念相矛盾的东西。环顾四周，矛盾现象信手拈来，对无数人来说，结果是痛苦的。焦虑和抑郁的发病率不断攀升，这些疾病仍然无法治愈，因为镇静剂和抗抑郁药物只能缓解症状，而不能根治病因。科学改善了我们的生活，但却以原子武器、生物和化学武器为可怕的代价，这些武器就像一团恐怖的阴云笼罩着世界。

你可能会赞同最乐观的未来主义者如尤瓦尔·哈拉里（Yuval Noah Harari）在他的新书《未来简史》（Homo Deus）中的观点，他在书的首页提出：战争、贫困和瘟疫最终得到了解决，但结果并不能保证人类幸福感的增加。在发达的西方经济体中，当被问及他们目前是处在繁荣阶段还是仅仅维持生存时，只有 30% 的人说他们的经济很繁荣，这主要是在那些拥有免费医疗、免费教育和充足退休福利的国家。

我可以无限期地继续扩大这项调查，但已经有足够多的证据来强化处于问题核心的"谜"：人类是否真的能够拥有幸福的能力？忘记暴力、犯罪和家庭虐待吧，撇开所谓的生活方式紊乱不谈，比如心脏病、糖尿病和高血压，这些疾病在富裕国家急剧上升，许多专家甚至把造成生活方式紊乱、抑郁和焦虑的根本原因，即日益严重的压力，放在次要位置。

这些都是转移目标。在我看来，人类幸福问题归根结底是"无底线"的存在。从达尔文主义进化论的束缚中解放出来，拥有克里希那穆提所倡导的"最初与最终的自由"，人类的本性是否已经自我崩塌？与狮子毫无顾忌地捕杀和吞食一只优雅、美丽、无辜的瞪羚不同，拥有自我意识对人类而言既不是好事也不是坏事，那是什么呢？

用谷歌搜索或在维基百科上查找，得不到答案；也无法求助于传统范式；在现代世俗社会，可能也无法求助于宗教组织；唯一起作用的答案是对你有效的答案。幸福及其同义词，如健康、满足，这是一个需要自己动手完成的项目。我认为每个人应该本能地意识到这一事实，并接纳它。西方对于进步的信仰是有缺陷的，但它有一个比较大的优势，就是愿意去进行各种与生活相关的尝试。

在这种情况下，科学实验不起作用。我是一名医学博士，因而我不会由于无知或偏见而摒弃科学，但科学实验的总体目的在于达成共识。1628 年，威廉·哈维（William Harvey）发现心脏以循环方式将血液输送到全身，这一现象可以通过各种实验加以证明，因而很快成为普遍的共识。

但对人类幸福而言，情况并非如此。你所能测量、计算和收集的数据都无法定义，更不用说能够预测到底什么会让你无论是现在还是未来永远都保持快乐。这一反对的理由并没有阻碍人们对人类心理学的大量研究，关注的焦点是精神类疾病，而精神病学权威手册《精神疾病诊断和统计手册》（*Diagnostic and Statistical Manual of Mental Disorders*，*DSM*-5）目前列出了 300 种精神疾病，不幸的是，这仅仅是诊断方面的一项成就，治疗方面的成果微乎其微。直到最近才出现了一个新的领域——积极心理学，其目的是增加幸福感，而不是治疗精神障碍。

你可能会认为，由于其乐观的名字，积极心理学可能会在让人们更快乐方面取得重大进展，但调研结果充其量可以称作"喜忧参半"。首先，人们发现人类不善于预测什么会让他们更快乐。传统的答案是结婚、生子、拥有成功的事业，但这些并不适合于每一个人，而且所有人都承受着越来越大的压力；拥有更多的金钱在一定程度上能起作用，即人们需要获得基本的财务安全，但在基本点以上，拥有更多的钱并不能带来更多的幸福。

其次，更具争议的发现是，终身幸福或持续的幸福是一个神话。我们所能期望的最好结果是一种内心满足的状态，而这种状态距离幸福和快乐还差得很远。

再次，每个人都有选择创造自己幸福的自由。我无法确定以下统计数字的来源，但有人告诉我，一个人大约 40% 的幸福或快乐取决于个人选择，剩下的 60% 取决于遗传、家族史、社会条件以及一些外部因素，如种族、贫困和疾病。

我从这些七七八八的信息中得出的大致结论是：幸福就像一个需要自己动手完成的项目，而且的确必须如此。除非你愿意牺牲自由，通过"减压阀"挤压你的生命，否则必须踏上一段一个人的旅程，而这段旅程直指你的内心。在瑜伽的传统中，没有地图来指引你的旅程，这是一条无路之路，这又带出了克里希那穆提的另一句可爱的格言："真理是一片无路之地。"

如果有人今天就想开始通往内心的旅程，或者迄今为止旅途不顺，想要重新开始，我愿意冒险提供一些建议：通往内心之旅的目的在于转变，对于任何人而言，拥有自由都不是坏事，但使用它，有明智的方法，也有不那么明智的方法。现代社会已经尝试了太多不那么明智的方法，是时候该摒弃了。没完没了的消费主义、网上消遣，过度的娱乐，以及西方富裕社会的各种骗局，所有这些什么都给不了你。

因此，如果真的想转变，我认为一些贴近实际的重置工作非常有效。

重置 1：保持理智

在我们每个人的生活中，压力都是无法提前预测的。当压力过大时，就会成为生活的主导，从而使我们在精神上和情感上都失去平衡。能够应对持续性压力的人知道如何保持理智，他们可以有意识地回到平静的内心平衡状态，你现在和将来每天都可以尝试运用一下这种技能。

当感到焦虑、心烦意乱、烦躁不安、无所适从或接近这些不安心绪的边缘时，你可以花几分钟时间集中精神：找一个安静的地方，闭上眼睛，做几次深呼吸，然后把注意力放在胸口中央的心脏部位，静静地坐着，正常呼吸，直到你恢复平静和理智。这种做法的关键是重复，在白天可以经常这样做做，也就是说，只要注意到自己没有集中注意力，就会习惯性地让自己的思绪自然而轻松地回到平衡点。

重置 2：找到并给予支持

如果人们能得到尽可能多的支持，就能更好地度过危机。研究表明，你为自己的生活添加的每一个支持系统，在生活艰难时，都会为你的生活增添安全、保障和幸福。支持可以来自家庭、朋友、宗教、你所服务的机构以及各种线上和社区中的支持团体。

为自己寻找支持并给予他人支持是一种基本的联系纽带，它可以对抗孤独和孤立的情绪，这种心态在遭遇危机时很常见。支持不是不停地发短信、分散注意力和整天待在线上，最好在你处在比较好的境遇时，在周围建立一个支持网络，这样在你处于逆境时，就会拥有一个心理和情感的安全网。

重置 3：珍视内心的平静与安宁

生活节奏减速、强制隔离都让人感到很无聊，对于很多人而言，同时也带来一种被动和无用之感。随着危机的消退，人们急于让一切重启，这是很自然的，但同时也需要认识到，我们的思想具有惯性，因而很容易再次陷入无聊和不安之中。现代生活的快节奏使人类的神经系统超速运转，而大多数人沉溺于此，甚至把这样的过度兴奋误当作正常。

治疗神经系统过度兴奋的最佳方法是：每天花些时间走进内心深处，让自己放松，学会珍惜内心的宁静和平和。这是意识的一种状态，能够让人马上引起警觉，放松下来。走进内心深处的这段时间并不是无感的时间，你正逐渐适应使所有创造力和生产力活跃起来的一个出发点。

重置 4：提高你的精神智商

我们每个人的生活都与众不同，即使在经历像全球性流行病这样的群体性事件期间也是如此。每个故事都需要配有一系列更高的价值观，比如爱、怜悯、同情、美、真理、创造力、服务、奉献和个人成长。除非你主动花时间投入这些价值观的培养，否则无论选择什么方式，都无法发挥你的精神潜力。

通过投身于所选择的更高的价值观，可以提高自己的精神智商。人们不可能仅仅通过许愿和做梦而提高精神智商，即使是定期的冥想，虽然很有价值，但也不是一回事。必须要把内在的精神表达出来，而这只可能体现在日常生活的点点滴滴。如果这一切能得到滋养，目标和意义就会成长，而要实现这一目标，最好的办法是有意识地引导人们，去过一种优先考虑精神价值的生活。

重置 5：培养超然

我们很难确切地给"超然"下一个定义，更难以从积极的角度来看待它。在现代生活中，人们的重心总是放在做、改进、参与、开创事业等方面，换言之，人们始终需要去面对持续不断的需要全身心投入的压力。

"超然"把我们引入了一个巨大的谜团，即具有更高意识的奥秘，我们也称之为觉醒。要理解"觉醒"意味着什么，不能仅仅依赖于你的自我意识和孤立的自我，这些精神构建会让你和这个世界纠缠不清，置身于快乐和痛苦的循环往复中。

当培养"超然"的状态时，你可以进入内心深处，体验一种意识状态，而不受那些起起落落的干扰。你将身份从不安定、孤立的自我人格中移走，相反，你依赖于社会从未教给我们的那些东西，即意识和存在是统一的，在这种统一中，生活变得简单而完美，因为尽管有无休止的活动，但知行合一实现了幸福、免于恐惧和进入无限可能领域的自由。

有很多经验可以帮助人们实现这一转变：让自己从别人的评价中解放出来，你会发现自己很可爱；获得安全感，对自己很放心，认识到自己在宇宙的计划中是有价值的。但这些重置旨在成为最基础的指南，是基于个人在面对最初的"谜团"，即"人类是否真的能够拥有幸福的能力？"时的答案。我的回答是"是的"，但在这里，单纯引用那些名言名句来佐证我的回答没有意义。幸福和快乐一样，依旧是一个需要自己动手完成的项目。你需要对旅程达到的目标有一个清晰的认识，仅此而已，就可以开始你的冒险了。

时间倒转法：来自 2050 年的经验教训

海瑟·亨德森（Hazel Henderson）

日期：2050 年

进入 21 世纪后半叶，人类终于可以从进化系统的角度来理解 2020 年袭击世界的新型冠状病毒的起因和影响。今天，在 2050 年，回顾过去四十年地球上的动荡，显然，地球已经好好教育了人类大家庭。人类所处的星球让我们认识到，从整个系统的角度来理解环境是多么重要。早在 19 世纪中叶，一些有远见的思想家、科学家和有前瞻性的人物就已经明确了这一点，不断开阔的人类意识揭示了我们所处的星球如何运行，我们的母星太阳如何通过光子流系统每天为地球的生命和生物圈提供动力。

最终，这种更开阔的意识克服了造成 20 世纪危机的认知局限、错误的假设和意识形态。那些人类发展和进步的错误理论，用价格和基于货币的指标（如 GDP）进行短视的衡量，最终导致社会和环境损失的不断增加：空气、水和土壤受到污染，生物多样性遭到破坏，生态系统功能丧失，全球变暖现象加剧，海平面升高以及气候在大范围受到干扰。

20 世纪的最后几十年，正如全球足迹和九大行星边界研究所表明的那样，人类活动已经超出了地球的承载能力。到 2020 年，人类大家庭已经增长到 76 亿人，西方式的工业化和全球化继续困扰着经济、技术的发展，导致威胁人类的生存危机不断增加。通过使用化石燃料推动这种过度增长，人类已经使大气层的温度持续上升，以至于联合国政府间气候变化专门委员会（Intergovernmental Panel on Climate

Change，IPCC）在其 2020 年最新的数据中指出，人类只有十年时间扭转这一危机局面，而 2019—2020 年的北半球冬季是有记录以来最温暖的。

早在 2000 年，人类就已经掌握了所有的应对办法：我们掌握了专有技术，并根据自然生态原则设计了高效的可再生技术和循环经济系统；绿色转型记分牌等可以很清晰地进行跟踪报告，这种记分牌记录了远离化石燃料和核能的全球转型，史称"全球绿色转型地图，2019—2020"（Mapping the Global Green Transition，2019—2020）。

挤压了人类卫生和教育需求的军事预算逐渐从坦克和战舰转向成本更低、暴力倾向更少的信息战。到 21 世纪初，国际权力竞争手段更多地集中在社会宣传、游说工程、渗透和对全球互联网的控制上。2020 年，全球性新型冠状病毒大流行中的受感染患者与急诊室中的其他病患（无论是因枪械暴力受伤的人还是患有其他危及生命的疾病的人）就医疗设施的优先权展开了争夺。在 2019 年，席卷美国全境的学童运动与医学界联合，抗议由枪支引发的暴力行为，并将其视为公共卫生危机。严格的枪支法逐渐出台，同时不允许枪支制造商涉足养老基金资产，从而削弱了枪支游说。在许多国家，政府从枪支拥有者手中买回枪支并加以销毁，正如澳大利亚在 20 世纪所做的那样，加上国际性法规所要求的昂贵的年度执照和保险费用，这大大减少了全球武器销售，而全球税收则减少了前几个世纪无谓的军备竞赛。

国与国之间的冲突现在大部分受到国际条约的制约。在 2050 年，冲突很少涉及军事手段，而是转向互联网宣传、间谍活动和网络战。早期的社交媒体公司受广告利润的驱使，带来意料之外的后果，助长了恐怖主义、种族歧视、仇恨和仇外心理，扭曲了儿童的发展。这些不负责任的行为实际上是由心理学家设计的游说技术中的营销算法推动的，让人容易上瘾并引发愤怒情绪。由于网络效应以及免费使用纳税人和政府研究开发的互联网平台，这些都带来了巨额利润。由于这些意料之外的社会后果，在 2022 年，技术评估方法的社会创新和其他未来主义情境研究方法再次兴起。1974 年，在美国，这些技术评估方法的任务是预测所有技术创新对最弱势群体可能产生的社会和环境影响，无论是追求利润还是作为一种政策。官方的技术评估办公室（Office of Technology Assessment，OTA）发表了第一份意义深远的预期报告（至今依然可以在佛罗里达大学出版社找到电子版），随后在 40 个国家也先后出现了类似的 OTA 模式，但在美国，共和党 1996 年时把它关闭了。

2020 年，这些对全球商业的破坏又一次展示了人类社会的所有软肋：从种族主义和无知、阴谋论、仇外心理和寻找替罪羊，到各种认知偏见（技术决定论、理论导致的盲目性，以及将金钱与实际的财富混为一谈的具有致命性的普遍误解）。正如我们今天所了解的，货币是一项有用的发明：所有货币都只是社会协议（物理或虚拟的信任代币）在具有网络效应的社会平台上运行，其价格的波动取决于不同用户的信任和使用。然而，精致的利己主义者沉迷于金钱，沉溺在全球金融"赌场"中赌博，这进一步助长了破坏合作、共享、互助和契约等传统价值观的行为。

几十年来，在数百份技术评估及类似报告中，科学家和环保人士就这些不可持续、倒退的社会和价值体系将会导致的可怕后果发出了警告，但在 2020 年全球性流行病爆发之前，企业领导人、政治领袖以及其他精英固执己见，把这些警告当耳边风。此前，他们沉迷于经济利润和政治权力无法自拔，是这些国家的人民迫使他们重新关注人类和生命共同体的生存和幸福。当天然气和石油价格暴跌时，现有的僵化行业都努力争取税收减免和政府的各类补贴，但他们很难收买政治上的支持和各种特权。幸运的是，这些警告得到了全球很多人的回应。数百万年轻人、"草根全球主义者"和土著居民了解了地球作为一个自我组织、自我调节的生物圈的系统运行过程，几十亿年来，在没有受到有认知局限的人类干扰的情况下管理着整个星球的演化。以生态学为重点的团体，以"仿生学"的形式教授自然法则，强调这些法则是如何让生命在地球上成功演化超过 38 万年的。

在 21 世纪的头几年，地球以一种出人意料的方式作出了回应，正如它在漫长的演化历史中经常所为的一样。人类对热带雨林的大面积砍伐和对世界各地其他生态系统的大规模入侵，使原本能够进行自我调节的生态系统支离破碎，并破坏了生命之网。这些破坏性行为的众多后果之一是，一些与某些物种共生的病毒从这些物种传播到其他物种和人类身上，之后它们具备了剧毒性或致命性。许多国家和地区的人民被狭隘的以利润为导向的经济全球化边缘化，为了果腹，他们在这些新发现的区域寻找野生动物，杀死猴子、果子狸、穿山甲、啮齿动物和蝙蝠，以获得额外的蛋白质。这些携带多种病毒的野生动物活物也在市场出售，使越来越多的城市人口暴露于这些新的病毒之下。

生态学家早已提出警告，需要保护和恢复森林和生物种群，以及避免工业化饲养动物作为食物。20 世纪 60 年代和 70 年代，畅销书《寂静的春天》(Silent Spring，1962)、《封闭圈》(The Closing Circle，1971)、《小星球的饮食》(Diet for a Small Planet，1971)和《小即美》(Small Is Beautiful，1973)以及罗马俱乐部的报告《增长的极限》(Limits to Growth，1972)都对此进行了总结。例如，早在 20 世纪 60 年代，一种不知名的病毒就从西非一种稀有的猴子身上传播开来，有人捕杀这种猴当作野味吃了。病毒从那里传播到美国，之后被确认为 HIV 病毒并导致了艾滋病的传播。40 多年来，艾滋病的传播已经造成全世界约 3900 万人死亡，约占世界人口的 0.5%。2020 年，新型冠状病毒的影响迅速而巨大。

今天，在 2050 年，利用目前的有利视角，我们可以回顾 SARS 病毒和 MERS 病毒的序列，以及始于 2020 年的各种冠状病毒突变对于全球的影响。中国在 2021 年全面禁止"非法野生动物交易"，这类禁令同时也蔓延到其他国家和全球市场。切断野生动物交易、减少病媒以及改善公共卫生系统、预防保健和开发有效的疫苗和药物，这一系列措施使流行病最终稳定下来。然而，由于涉及从事这些行业的公司的既得利益，为食野味而捕杀动物的行为仍在继续，直到动物权利组织和素食主义者运动及投资者团体资助了一些新兴行业的快速扩张，如当今植物性食品和饮料行业，以及人造肉和昆虫食品行业。传粉昆虫现在受到保护，被看作为粮食作物施肥的关键，同时禁止以种植树木和其他植物作为燃料，仅限于生长在海水中的藻类，而藻类目前是我们多种用途的基本资源之一。

人类在将近 50 年的全球危机中得到惨痛教训，而这完全是咎由自取：全球性流行病所带来的痛苦、洪水泛滥的城市、烧毁的林地、干旱和其他愈演愈烈的气候灾难。这一切都很容易理解，其中许多都是基于查尔斯·达尔文和其他 19 世纪和 20 世纪的生物学家的发现：

- 人类是一种 DNA 基本没有经历过变异的物种。
- 人类通过自然选择与地球生物圈中的其他物种共同演化，以应对各种栖息地和环境的变化和压力。
- 人类是一个全球性物种，从非洲大陆迁徙到所有其他大洲，与其他物种竞争并导致很多物种的灭绝。
- 在 21 世纪"人类时代"，人类实施行星殖民化并取得成功，这主要是由于人类有能力在更大规模的人口和组织中进行联系、合作、分享和发展。

● 人类从游荡的游牧种族成长为定居种族，在农庄和城镇生活，直至 20 世纪出现了特大城市，50% 以上的人口都生活在那里。在气候危机和 21 世纪头几年的全球性流行病爆发之前，几乎所有人都预测这些特大城市的人口将持续增长，到 2050 年，世界人口将达到 100 亿。

现在我们已经了解，为什么人类人口在 2030 年达到峰值 85 亿，正如 IPCC 所预期到的最理想的情况，也和社会学家们所进行的全球城市调查一致——《空荡荡的地球》(*Empty Planet*，2019) 中记载了生育率下降。事实证明，女性生育率下降、城市化和教育的影响造成了这样的结果。但也不尽然，2020 年全球性流行病爆发之后的去全球化，以及粮食生产和许多人类活动的重新本地化，也都促成了这一最终的结果。新觉醒的"草根全球主义者"经常将他们的议程称为"全球本地化"。大批学童、全球环保主义者、被赋予了权利的女性与追求绿色、更高道德标准的投资者和企业家一起参与市场本地化。以可再生电力为动力的微电网合作社为数百万人提供服务，增加了全球合作企业的数量，2012 年这些企业在全球的就业人数就已经超过了所有营利性公司的总和。他们不再使用虚幻的 GDP 货币指标，在 2015 年，转向根据联合国可持续发展目标 (Sustainable Development Goals，SDGs) 管理社会，这一发展目标涵盖了具有可持续性和恢复性的 17 个目标，涉及所有生态系统及人类健康。

这些新的社会目标和指标基本都集中在合作、共享、知识更丰富的人类发展形式以及开发、利用可再生资源和实现效率最大化。这种主张公平分配的长期可持续性使人类大家庭中的所有成员都能在人类生活的生物圈中，在其他物种所能容忍的范围内获益。竞争和创造力蓬勃发展，好点子淘汰了那些用处不太大的想法，以科学为基础的道德标准、自主性深化信息以及从地方到全球各个层面更紧密联系的社会，都加强了这一点。这些必要的改革往往是以"地球宪章"（Earth Charter）所倡导的 16 项原则为主导，该宪章于 2000 年在海牙和平宫启动，得到了世界大多数国家各级部门的认可。它的总部设在哥斯达黎加，这个世界上首个没有军队的国家。至今，"地球宪章"依然作为 1948 年《世界人权宣言》（*Universal Declaration of Human Rights*）的补充来指导我们的生活。

当新型冠状病毒于 2020 年在全球爆发时，人类最初的反应是混乱，缺乏应对的经验，但很快变得越来越有条理，与开始时的不知所措截然不同。集体行为和社区责任，包括数百万志愿者的工作，平衡了个人主义和竞争性的应对方式。全球贸易萎缩到只运输稀有商品，转向信息贸易，人们不是把蛋糕、饼干和点心运送到世界各地，而是把制作这些食物和生产所有其他植物性食品和饮料的食谱传输到了世界各地。人们在当地应用绿色技术：太阳能、风能、地热能，用于 LED 照明、电动汽车、电动船只甚至电动飞机，许多工业化"过度"国家的政客也支持这一根本性转变，转向他们曾经嘲笑的大规模"绿色基础设施"计划。

化石燃料储备安全地储存于地下，碳被视作一种非常宝贵的资源，不再用来作为燃料；燃烧化石燃料产生的二氧化碳被排放到大气中，多余的则被有机土壤细菌、深根植物、数十亿棵新种植的树木所吸收；同时，利用广告宣传和单一种植作物的全球贸易来重新平衡基于化学工业化农业的人类粮食系统。事实证明，过度依赖化石燃料、杀虫剂、化肥和抗生素，以地球日益减少的淡水为基础的动物饲养肉类饮食是不可持续的。今天，在 2050 年，全球食品是由当地的咸水农业供应的，包括更多曾经被忽视的本地和野生作物，以及所有其他喜盐植物（盐生植物）食品，这些食品所提供的完整蛋白质对人类饮食而言更为健康。

随着空中交通和化石燃料的逐步淘汰，大众旅游和常规旅游急剧减少。世界各地的社区都趋向于稳定的中小型人口中心，这些中心在很大程度上依靠当地的粮食和能源生产，自给自足。人们几乎不再使用化石燃料，到 2030 年，化石燃料已经无法与快速发展的可再生能源和相应的新技术竞争，也无法将所有以前浪费的资源升级为我们今天的循环经济。由于群众集会、大型连锁店以及体育赛事和娱乐活动有感染疾病的风险，因此大型竞技场逐渐消失。民主政治逐渐变得更加理性，因为那些蛊惑人心的政客已无法召集数千人参加大型集会来听取他们的发言，同时他们空洞的承诺在社交媒体上也受到限制，不能再占用互联网的宝贵空间。因为类似的盈利垄断在 2025 年被打破，到了 2050 年，社交媒体受到监管，在所有国家都是为公共事业服务。

教育在世界范围内都得到了发展，通常以免费在线服务的形式存在，而所有的线下公共教育都集中在实现联合国的 17 项可持续发展目标上，并得到了全额资助，因此学费和学生贷款已经成为过去。以系统为基础的可持续教育案例有英国著名的舒马赫学院（Schumacher College in Britain）和卡普拉课程（Capra course），这个课程是由弗里特约夫·卡普拉（Fritjof Capra）创立的，他是物理学家和系统理论家，同时也是《物理之道》（*The Tao of Physics*，1982）和其他畅销书的作者。

依赖于网络的公仆领袖们不再受困于政治上的金钱之咒，因为大众资助的选举已经被取缔。随着邮寄纸质选票在大多数民主国家逐渐成为合法行为，同时许多国家实施强制投票政策，群众集会因而减少了。我们都知道，不管表面上的政府形式如何，我们都过着一种"平庸"的生活，选民们对于那些试图竞选公职而出现在电视和电影中的雄心勃勃的名人们保持着警惕。

"世界赌场"式的金融市场，伴随着其特有的奇思妙想——那些步步升级的虚构"衍生品"，即利用激起人的贪欲或恐惧来推动金融行业的股票，最终崩塌了。事实上，所有经济活动都不是由教科书中的"有效市场"驱动的，而是由"羊群效应"引发的心理过程。市场从易货和早期交易贝壳、奶牛和贝壳串珠演变而来，如今在各合作部门，市场又从金融部门转向信用合作社和公营银行，商品生产和服务业又重新启用传统的易货交易，非正式志愿组织采用当地货币和许多非货币形式进行交易，这些交易形式在全球性流行病肆虐的高峰期发展起来。由于广泛的权力下放和自给自足社区的增长，在 2050 年，人类的经济已经不再是对资源的消耗，而是资源的再生，因贫富差距和沉迷于金钱的剥削范式导致的不平等已经基本消失。

在 2050 年，人们之前的猜测成为现实，基于区块链和算法的加密货币不存在了，那些曾经经历过的损失、欺诈，以为是"永久的"规则、完美合约的僵化以及对诚信的破坏令人痛心不已。我们都知道，信任是建立在面对面的社区和个人关系基础上的，而且事实证明，信任难以衡量！我们总在问"谁拥有区块链？"以及"这种加密技术是如何与真实世界的资产联系在一起的？"，这些问题的答案对投机者和某些人是一个打击，这些人相信计算机算法、所谓的"云"，愚蠢地将一切都链接到已经负担沉重的互联网，在接二连三的流行病蔓延的浪潮中，互联网因过度使用而崩溃。

2020 年和 2021 年，人类所经历的更深重苦难以及化石电力超负荷电网的削减和管制，促使我们迅速转向当前大规模使用的可再生能源和循环经济。美国和欧洲的政客们将过去委托给中央银行执行的发行新货币的责任放在政策的首位，刺激性政策取代了紧缩政策，在各自的绿色新政计划中迅速投入建设可再生资源基础设施。

当新型冠状病毒传播到猪、牛和其他反刍动物（如绵羊和山羊）时，其中一些动物在没有任何症状的情况下成为疾病携带者，由此造成全世界对动物的屠宰和消费急剧下降。畜牧业和工厂化养殖造成了全球温室气体每年增长约 15%，随着包括化石燃料企业在内的下一批"搁浅资产"的出现，精明的投资者做空大型肉类加工跨国企业，其中的一些公司完全转向了生产植物性食品，包括很多仿肉类、鱼类和奶酪类食物。牛肉变得极为昂贵并且可提供数量很少，奶牛通常由家庭拥有，就像人类早期一样，在当地的小农场生产牛奶、奶酪、肉类以及鸡蛋。

全球性流行病消失后，在开发出昂贵疫苗的同时，许多国家的人口也获得了"群体免疫"，如今只允许在出示免疫或疫苗接种证书的条件下进行世界范围内的旅行，而此类人群以商人和富人为主。现在，世界上大多数人更享受社区以及在线会议和交流的乐趣，互联网的宝贵资源按照既定的指导原则进行配给，以确保优先考虑基本公共服务和卫生设施。人们非常珍视旅游，尤其是本地旅游，可以乘坐公共交通工具、电动汽车、太阳能和风力发电的船只，因此，世界各大城市的空气污染已大大减少。伴随着自给自足社区的发展，所谓的"都市村庄"已经在许多城市兴起，重新设计的社区展示了高密度结构和充足的公共绿地，这些地区大量节约能源，拥有值得骄傲的健康、安全、面向社区的环境，同时污染程度也大大降低。

如今的生态城市包括：在菜园和配备有太阳能设施的高楼大厦屋顶上种植作物；从 2030 年开始，基本上禁止汽车驶入城市街道，大量采用电动公共交通；街道重新归还给行人和骑自行车的人，人们踩着滑板车去逛周围的小店和农贸市场；城市间交通使用电动汽车，人们通常在夜间对电池进行充电和放电，以平衡单户住宅的电力；独立式太阳能汽车充电装置随处可见，减少了落后的集中式公用事业所使用的以化石燃料为基础的电力的使用，这其中许多公用事业在 2025年时已经破产。

在经历了一系列巨大变革之后，人类意识到，现在的生活压力更小、方式更健康也更令人满意，社会可以为长久的未来进行规划。人类认识到，为了确保新的生活方式的可持续性，重中之重是尽快恢复世界各地的生态系统，那些对人类有害的病毒就可以再次止步于它们无法伤害的动物物种。为了在全球范围内恢复生态系统，人类向有机再生农业转化，这类农业蓬勃发展，同时也带来了以植物为基础的食品、饮料以及我们喜欢的所有咸水和海藻类食物。2020 年后，人们改良农业，在世界各地种植了数十亿棵树木，逐渐恢复了人类的生态系统。

基于这些改变，全球气候终于稳定下来，到如今大气中的二氧化碳浓度恢复到 0.035% 的安全水平。比较高的海平面将持续一个世纪，许多城市在更高的陆地上繁荣发展。气候灾难现在已经很罕见了，而许多极端天气，就像在几个世纪之前一样，继续扰乱着我们的生活。人类早先对行星运行过程和反馈循环的无知，导致了多次全球危机和流行病的爆发，给个人和社会带来了悲剧性的后果。然而，人类已经从许多痛苦的教训中吸取了经验，如今，从 2050 年的视角回顾过去，我们认识到，地球是人类最明智的老师，正是这些可怕的教训拯救了人类和地球生命共同体的大部分免于灭绝。

通往幸福时代的精神 / 神话途径

珍·休斯顿（Jean Houston）

宇宙量子本质的发现意义重大，甚至可以真正改变人类历史的进程，其深刻的启示和影响无论怎样强调都不为过。人类再也无法躲避房间里那只 800 磅重的大猩猩，这就是意识！量子理论要求人类彻底重新审视意识作为宇宙基本组织原理的作用，以这一理解为基础，量子物理学让我们逐步了解那些深刻影响人类思维、感受、感知、认识和存在、神话和原型的观察方式。对这一点更深层次的认识，不仅进入人类的思维，而且深入人类的心灵、五脏六腑、精神和灵魂，深刻地改变了人类。它可以从根本上影响人类并将人类带入物种形成，即人类新兴的进化发展过程，直至进入新的幸福时代的大门，为我们创造体验人类量子身份和量子意识的内在可能性。

我们生活在这一神话大行其道的阶段，实际上正在成为"神话中"的一部分！有多少人本质上正在经历这个新的现实，所有时代、所有文化和所有经历的思潮都在深度发展？我们可以感受到它的影响，不仅仅体现在对神话的迷恋、对精神体验的追求、对原住民文化的复兴和融合，还体现在保留许多当地文化的世界性音乐的到来、混合搭配各大洲极其有趣的服装风格，还有食物！即使观察其阴暗的一面，我们也能看到古老的部落神灵以各种各样的激进主义姿态的最后的兴起：骗子们玩弄权术、早已过时的法西斯主义形式，以及扫清独裁自恋者之前民粹主义的崛起，然后，它们进入一个新的混合体，成为更宏大叙事的一部分。今天，对我们所有人而言，地球上的每个角落都正在被探索，包括它的过去、未来和整个宇宙！

为迎接新时代做好准备，人类的心灵正展现出许多不同的奇点^①
来帮助行星运动的融合和转变。人类的心灵正以惊人的速度，超越几
千年来生活的极限，进入一种全然不同的存在状态，其内容在一个梦
幻般的现实中以越来越快的速度显现，而在这个现实中，很难分辨什
么是真实发生的，什么是在演戏；什么是物质，什么是神话。人类生
活在混乱之中，这一现象的产生可能是因为人类希望早一天认清自己。
在世界各地，在我游历过的几乎每一种文化中（我在 109 个国家工作
过），我发现那些被降为无意识的形象正在重新变得有意识，那些非
凡的现实体验正在变得越来越普遍，同时许多心灵地图及其叙事正在
经历令人惊惧的变化。

几年前，我坐在印度一个小村庄的地上，观看电视剧《罗摩衍那》
（*Rāmāyana*）。这是村里唯一的一台电视，也是村民们的骄傲。村里
所有人都从农田和自家聚集到这里，接受每周一次的启迪和娱乐，在
这一小时时间里，印度世界重要神话中的许多故事被辉煌地展现出来。
故事讲述了罗摩王子（毗湿奴神的化身）和他高贵妻子悉多公主（拉
克希米女神的人类化身）的故事：他们被出卖，遭到放逐，在森林中
生活了 14 年。尽管遭遇磨难，但两人非常幸福，因为罗摩高贵、英俊、
富有勇气，而悉多善良、美丽，对她的丈夫言听计从，换句话说，他
们是传统意义上的完美夫妻。然而不幸降临，悉多被全副武装的多头
恶魔拉瓦纳绑架，两人田园诗般的生活被残忍地终结了，拉瓦纳立即
将悉多带到了自己的王国斯里兰卡。这时，神圣的猴子哈努曼及其所
领导的猴子和熊大军出现了，和罗摩一起，最终击败了拉瓦纳和他强
大的恶魔部队，拯救了悉多。

---

① 译者注：物理上把一个存在又不存在的点称为奇点。

在印度教世界里，这个故事频繁地上演着，无论是以木偶剧的形式，巴厘岛皮影戏的形式，抑或在舞台或荧屏中，这个神话是印度教精神的核心。这部电视连续剧的拍摄极为奢华，有着壮观的场景、充满异国情调的服装、扣人心弦的音乐和舞蹈以及与神的身份相宜的表演。这部集宗教、道德、音乐和戏剧的优秀电视剧不仅吸引了村民们，使我也一样着迷，而且，当时在整个印度，有数亿人都在同时津津有味地观看着这个节目。在观看时，坐在我旁边地上的一位老太太（那台电视机的拥有者）突然转向我，以轻快的口吻用英语说："哦，我不喜欢悉多！"

"什么？"我吃了一惊，就像听到我祖籍西西里的祖母说她不喜欢麦当娜一样。

"不，我真的不喜欢悉多，她太软弱，太被动，我们印度女性比这强得多。她应该更主动，营救自己，而不是坐在那里呻吟，期待着罗摩来救她。这个故事需要改改。"

"但这个故事已经至少流传了3000年了！"我申辩道。

"需要改改的原因更多，让悉多更强，让她自己做决定。你知道吗，我也叫悉多，我丈夫叫罗摩，这都是印度很常见的名字。他很懒，是个流浪汉，如果有恶魔抓了他，我就得去救他。"

她转过身，把刚才和我的对话翻译给坐在旁边的其他人听，他们都笑了，很赞同，尤其是女性。之后，村民们开始讨论如何修改，一个让悉多扮演更重要角色的故事会是什么样子？这是改编者的梦想，倾听数千年来生活维持不变的普通人如何积极反思他们的古老故事，让人感到既惊讶又兴奋。我由此感受到自己正在经历重塑一个神话的初始阶段，一个新时代的到来。无论如此重要的故事是否古老、是否神圣，但在对待女性及其与男性和社会关系方面，已属于过时陈旧的观念，就必须修改或完全摒弃。

还是在印度那个小村庄，在看完唯美的电视剧《罗摩衍那》之后，接下来是一段商业广告，之后是一个印度人都爱看的节目，黄金时间肥皂剧《王朝》（Dynasty）！当我看着这些角色迟疑不决、进进出出时，恨不得把头埋在地里，相较而言，美国电视剧水平低劣。女主人看出了我的尴尬神情，拍了拍我的胳膊说："哦，姐姐，别不好意思。您没看见吗？这是同一个故事。"

"什么意思？"

"哦，是的，的确如此，"她的头来回晃着，接着说，"是同一个故事。电视剧里有一个好男人，一个坏男人，一个好女人，一个坏女人，有漂亮房子，美丽的衣服，人们在空中飞，有正义与邪恶的斗争，哦，没错，的确是同一个故事！"就这样，人们改写了神话，重塑了象征，从而重新设计了人类社会的结构和我们看待世界的方式。

见证和辅助一个新时代的到来是我们的荣幸，也是特殊的挑战。作为新时代这场大戏的参演者，我们看到了老角色的演变和新角色的崛起。让我们先看向其中之一——无缝性的存在。

首先，人类是从这种无缝状态中走出来的。宇宙是一体的。当我们谈论看不见的宇宙物质时，一切可能都是从暗物质中产生的。人类是天地万物的一种范式，地球的一种范式，宇宙的一种范式。目前最新的呈现是星系新陈代谢的产物，而这种无缝可能就是戴维·玻姆所说的包容一切的"隐秩序"，99.9% 是存在本身的领域，一切都产生于此。这种无缝是什么？它产生并通过定义自我完善。当人们思考、做梦、下定义、参与、之后是宇宙泡沫的崩塌——这种概率波会崩塌，直至产生某种结果。创造力和表现力的艺术和科学都与人类将范式与形式带入这巨大泡沫的能力相关，这种宏大、纯粹和富有创造性的能量就是无缝浪潮。当人们开启一个新浪潮，就是与宇宙共同创造一个幸福时代的契机，是一段英雄之旅，是对更宏大生命的召唤，也是对更伟大命运的邀约。一个人的格局、想法、目标和欲望都来自这种纯潜能之外的无缝能量，这是一个新的契机。

千百年来的模式让我们为另一个世界、另一个时期、另一个时代做好了准备。与此同时，与人类历史上或史前任何阶段已知的全球性流行病病毒传染不同，这一次病毒的肆虐混淆了人类的价值观，颠覆了人类的传统，使人类像陷入了迷宫，找不到出口。人类所特有的经历随处可见——必然向行星文明发展，女性崛起并与男性平等合作，日新月异的技术革命，媒体成为文化的发源地，以及对人类和社会能力认知的革命。古老的传说本身经历着神圣的创伤，时代也在成长，应对人类祖先所没有经历过的复杂而多面的生活，从而时代变得越来越精神化。人类社会已经千疮百孔，也许目前正应该行进在朝向神圣方向的路上，所以，我现在必须谈谈伤害问题。

神话始于大事件对心灵的伤害。人们所经历的伤痛，灵魂的背叛以及重生也是如此。然而，那些所经历的创伤告诉我们，过去的已经灭亡，即使原来的自己再不情愿、不甘心，新的花儿已经准备绽放。随着文化上的放松和心理上的逐步接受，心灵受伤害的事件越来越多，而且以多种伪装出现（这很奇怪）。

伤痛通常指极度悲伤的痛苦之旅，包括经历极度的痛苦和灾难，而且已超出自己所能够承受的界限。然而，一次又一次，我发现，所经历的伤痛本身就包含着治愈甚至转变的种子，人们常常这样说，而且将此编入了人类各种各样的传说故事中。看看那些希腊悲剧故事，众神在受伤时的状态。事实上，所有神话，其中心主题都是带有伤痛的。我经常开玩笑说，月亮女神阿尔忒弥斯必须在阿克特翁靠近时杀了他；约伯必须身上长疮；狄奥尼修斯必须幼稚，才可能吸引到把他撕成碎片的巨大敌人。西方神话的核心人物以及与故事相关的神和人有很多受到伤害的故事：亚当的肋骨、阿喀琉斯的脚跟、奥丁的眼睛、俄耳甫斯被斩首、伊南娜下冥界和所受的折磨、普罗米修斯的肝脏、宙斯的断裂的头、底比斯王彭透斯被肢解、雅各布的断臂、以赛亚灼伤的嘴唇、厄洛斯灼伤的肩膀、俄狄浦斯的致盲等，持续不断，伤痕累累。

这些故事一遍又一遍地吸引着我们，虽然这些故事可能映射着人类自身，但是我们并没有在这些可怕的故事面前退缩，是不是因为这些故事将我们带入了一个神秘而奇特的世界？当伤害公开时，神圣进入了时间的轨道？每一个伤痛都预示着一次旅程、一次文艺复兴、一个生活的转折点。从伤痛的角度来看，神话和人类的旅程走向再生，随之而来的是一种对他人需求的感官敏锐性，这在以前是不可能达到的。当更脆弱时，我们伸出手来，向其他受伤的人伸出手并展现我们的内心，只有在这个关口，我们才能成长；同时，出于一种更深刻、更高尚的本质，对生命的意义和如何度过一生有更进一步的感觉。

毫无疑问，惯性和条件反射得出的观点阻碍了人们对现实的敏感，而创伤打开了我们通往更广阔现实的敏感之门。伤痛让我们的眼睛和耳朵能够看到、听到和感觉到正常情况下无法看到、听到和感觉到的东西。

在完成一项世界性的深入的心理调查之后，我觉得情况的确如此。在西方，从普罗米修斯神话中的偷取天火到变形人普罗蒂厄斯的转变，海神普罗蒂厄斯能够随心所欲地改变形状、形式和用途，而这就是今天将要降临的新时代的曙光。转眼间，人类必须像普罗蒂厄斯一样具备千变万化的能力，具有高度的弹性和创造性，特别是当面临持续不断的挑战和危险时，能够适应不断变化的情况。罗伯特·J. 利夫顿（Robert J. Lifton）出色地描述了普罗蒂厄斯原型与我们这个时代的相关性，他说："我们没有完全意识到这一点，人类一直在进化，以适应我们这个时代的躁动和变化。"

当我们有意识地去审视这些伟大古老的神话时，一个丰富多彩的经验世界向我们敞开了大门。我们和奥德修斯一起旅行，体验伊西斯和奥西里斯的激情，和珀西瓦尔一起寻找圣杯，和耶稣一起死后重生。在口口相传或依仪式而定的神话中，我们允许自己的生活被放大，个体存在的细节被放大，更宏大故事中的个体形象以及神话中的伟大人物都得以阐述。我们这些从事神话研究工作的人，像许多荣格主义者、大卫·范斯坦（David Feinstein）和我们自己一样，发现客户和学生在进入了传统故事及其人格领域后，似乎继承了丰富的经验，照亮并强化了他们自己。这些人很快发现，在世界精神为主角的这部戏中，他们自己也极富价值，推动他们打破自我界限，并鼓起勇气去做更多的事情。

那么，如何才能改变这些深植我们心灵的范式呢？直到最近几十年，我还怀疑，也许人类能做的仅仅是改变某些细节，然而，在现在出现危机时，当一切都在解构和重建时，神话也需要自我救赎。在这个新的千年里，如何引导人们进入有能力改变自己重要故事的精神领域，从而真正改变占主导地位的神话，是一项至关重要的任务。前提是，世界范围内这种精神正在崛起，而且超过以往。人类正在经历世界各国文化、信仰体系、认知、看、行、存在方式的大丰收，在成百上千年的时间里，"无意识"中所包含的东西正准备开始对我们的生活施加影响。那些人类共享的神话故事和人物原型曾经是我们这个集体的一部分，现在正在寻找新的归宿，融入由个人生活的激情游戏创作出的独特故事中。

拥有如此悠久的历史和丰富的经验，人类已经取得了非凡的进化成就：不断接受、再现、重构和扩展我们经验的能力。人类所拥有的这种新兴的多变能力实际上是一种新的思维、大脑和心理结构，它赋予我们看待不同思想和系统的能力，无论这些思想或系统是事关社会、认知、政治、哲学还是精神层面，而在过去，我们没有这样自由的思考能力。

我们正在收集一系列在内部空间旅行和训练的方法，包括引导性想象、梦孵化、与内在原型一起工作。人们可以自由地穿越时间，从而治愈旧伤，将阻碍转化为机遇。当人们学会重构自己的故事，让其成为一个神话时，新能量将会开启，在体内找到冲突和和解的象征，发现强大的自我保护的盾牌和内部盟友。人们总是愿意将自己与曾经光辉的神话重新建立连接，从而使自己成为一个临近破晓的神话中新大陆上的先驱。

在世界各地，文化都被重新加以构想，没有什么比自我的重生更有必要的了。此时此刻，人类需要打开思想的宝藏，通过神化的神圣行为来让生活的目的、计划和可能性得到释放，重新成长为伟大的人物，取代珀西瓦尔和佩内洛普、白水牛仙和湖仙、奎扎尔卡特、布丽姬特和斯波克博士等曾经的神话。

我所从事的大部分工作都是在助力去创造一个为所有人提供幸福的时代。幸福时代包含着这样的理解：世界是一个生态、一个复杂的适应系统，在这个系统中，全球化和普遍的意识被应用于对局部的关注；它基于一种新的关系秩序，在这种秩序中，男性和女性、科学和灵性、经济和生态、公民参与和个人成长、故事和神话、自我和量子场集合在一起，为了所有人的利益，成为完整而相互依存的矩阵。

当面临巨大变革时，人类并不孤单；相反，人类被嵌入一个更广大的存在生态中，其动力同时来自诞生人类的行星和人类的目的地恒星。地球和宇宙走入了一个新的成长阶段，在此推动下，人类正在觉醒，意识到可以参与到创造中，成为地球幸福的管理者和宇宙进化史诗中有意识的参与者。正如古人所知，故事超出了所有人的想象，而正因如此，才激发了我们的参与和热爱，投身其中。人类是宇宙无意识的一部分，宇宙的力量正在通过人类来研究他们自己，这是一个多么好的契机啊。

泰尔哈德（Teilhard）说，人类每个个体的自然深度就是"创造"的全部，真相如此真实，令人难以置信，以至于常常让人无法理解。正如托马斯·贝里（Thomas Berry）所说："当我们描述星尘时，又怎能不因其奇妙、浩瀚而屏住呼吸、双膝下跪呢？"

泰尔哈德注意到了这一点，他说，我们这一代人正在觉醒，认识到一个令人震惊的事实，即人类的出现是宇宙进化演变成的新的更复杂的形式。

一项有关东西方哲学和本土世界观的研究提供了一些实践经验，这些经验不仅可以让人类摆脱长期的痛苦，还可以作为进化中宇宙的一员实现更高的目标。同时，这种基于量子范式对现实的新的看法，以及有关意识在世界和宇宙中积极作用的证据积累，不仅带来了我们视角的转变，而且为一个全新叙事提供了基础。这个叙事既古老又新颖，让我们对现实的本质和意识的本质有了全新的认识，而这种认识很可能会影响人类在科学、神话、神学、哲学、心理学以及事关整个人类状况的议程，甚至可以为自我提升和社会的复兴提供基础，这是一场超越技术进步的人类潜能的大变革。

量子宇宙有一个外体和一个中心。一个人的思想基础反映了宇宙中这些更深层的量子结构。在不同的意识状态中，我们可以被带到心

理的微妙层次，扩展到与宇宙自身互动的特定状态，即佛教中所说的
"缘起性空"，包括冥想、沉思、着迷、狂喜、爱、提升的创造力，以
及其他各种心理状态的改变。在这些过程中，人们进入动态的思维水
平，这种思维水平拥有宇宙意识中的无限意识领域。在某种意义上，
自我在其无界本性中与量子思维相同，因此比那些在局部意识中运作
的自我拥有更多的功能。最深邃的价值、最深层的目标、最深刻的生
活范式、最丰富的潜在生存密码在那里都可以得到。在创造范式的层
面上，这与柏拉图式的形式没有什么不同，人们发现伟大的思想和创
新的行为变得显而易见。

不同寻常之处在于，当我们能够在量子场中使局部感应达到更高
的共振时，就可以获得来自宇宙的信息。在这种状态下，信息是实时
的，直接就知道所有系统都在运行。在这些状态中，人类正在进入一
个超越时空的领域，这与我们的深层思想或创新性无意识相一致，而
一切都起源于这里。最终，这是一种精神体验和与宇宙的关联，是量
子之间的关联，是存在的宏大的全息图的一部分，部分与部分相互纠
缠，共同运作。

量子物理学指出，我们谈论宇宙，似乎它是客观存在的，与人类
无关，或者说到我们自己，似乎人类独立于看似在外部空间的宇宙而
存在，但这都是毫无意义的。宇宙和人类是永恒的不可分割的伙伴，
我们在共同创造宇宙，宇宙同时也以"缘起性空"的理念创造人类，
这是怎样的一场博弈啊！

但在这场博弈中存在着"作为人类"的悖论。在这里，人类是生
活在可生物降解时空环境中的原住民，从而能够坚持多年，实现我们
与生俱来的以地球为基础的目标；但人类同时也是神奇的无限生物，
拥有无限力量和潜能，从而有机会生活在一个比我们的愿望更广阔、

比我们的梦想更迷人的宇宙中。在这个充满巨大挑战的时代，由于全球性流行病肆虐以及贪婪和无知的泛滥，人类的实验可能在几十年内就会终结，而奇迹在于，人类在对宇宙学的探索中了解了规则和知识，无畏的探索者的伟大发现和经验知识是我们存在的精神现实的基础。因此，从 19 世纪末和 20 世纪初开始，两个惊人的现象几乎同时出现：人类收获了世界精神传统的智慧，同时物理学的革命为我们带来现实的量子本质。我的老朋友兼合著者狄巴克·乔布拉对这两个现象结果的描述非常精彩，他说："宇宙的未来是人类自我意识的进化，从分离到统一，从支离破碎的思考到完整的思考，从实时意识到事后意识。"

时空和物质不仅起源于阿卡西场，这里是无限能量和量子流的原始量子基础，而且还不断地靠它来维持。物理学家戴维·玻姆指出，在量子场的下方，"存在着更微妙的过程，包含活跃信息的循环。整个等级体系延伸到越来越微妙的层次，那里既包含物质也包含意识"。因此，从某种意义上说，宇宙可能是在"大爆炸"中出现的，或者像最近的观点提出的那样，是从无限能量中"反弹"出来的。"但从另一个角度来看，即使是在大地巨大活动中，这也只是一个小涟漪，它反过来又产生于一个超越时间顺序的永恒的创造性源泉。"

因此，在这个深邃微妙的层次上，时间没有方向，既不是过去，也不是现在，也不是未来。但很明显，过去、现在和未来同时发生，这让我们难以理解，因为我们按照"时间之箭"① 来思考，已经习惯于现在和未来持续地追随着过去，不允许任何其他线路存在。

在量子世界中，事事都可以同时发生，并且对于所有现实的目标

---

① 译者注：事物的变化只能单向发生，这就是时间之箭。

而言，万事皆相关。宇宙生气勃勃，以量子现实为媒介相互关联，正如目前的科学推测所表现出来的那样，信息通过桥梁或虫洞传输，以无限数量的可能范式将点与点连接起来，以每秒 10 到 43 幂次的惊人频率不断变化、开启和关闭。要么如此，要么人类存在于一个从时空之外投射的量子全息图中，在其中彼此纠缠共振。就时空而言，人类是两栖生物，生活在一个宇宙全息图中，同时拥有鲜活的生命和灵魂。

如果再加上量子物理学某些方面的难题，这意味着所有可能的未来现在都展现在我们面前。人类处在一个十字路口，当其他未来在平行宇宙中进行时，人类可以选择其一，从而就会拥有一个更复杂、关乎时间的无意识现实。因为这意味我们所谓的"触景生情"不仅存在于生活中被压抑或遗忘的经历中，更深入一些，会在不同的时间和空间维度中感受到自我。

我们可以很轻易地将这种现象归为意识状态改变的强烈的心理暗示，进而影响了健康和幸福。然而，在与几十名学生一起观察了几十例这样的学习、变化和转变的案例之后，则无法用"现实"来简单地归纳这一切，而是开始猜测究竟发生了什么更有趣的事情。也许我们经历的这些不同世界或时间并不是独立存在的，而是穿插于其他的意识状态中，比如梦境、幻想、创造性灵感、精神和其他影响身心的经历。

诗人们似乎知晓这一切，以不同的语句来表达。T. S. 艾略特（T. S. Eliot）在《燃烧的诺顿》（*Burnt Norton*）中写道：

现在与过去，

在未来的时间里，都可能存在，

而过去的时间里，也存在着未来。

沃尔特·惠特曼（Walt Whitman）在《草叶集》（*Leaves of Grass*）中写下了这样的诗句，表达穿越亿万年与读者同在：

生机勃勃，简洁，可见，

当美国八十三岁时，我，已四十，

由此经历了一个世纪或几个世纪，

而你，属于未来的篇章，正在寻找你，

当你读到时，届时可见的我，已化为无形，

而你，简洁，可见，感受我的诗，寻找我，

想象你将会多么幸福，如果我能伴你左右，成为你的朋友；

就好像我和你在一起。（不太确定，但我现在和你在一起）

人类如何将自己带入这种扩展的经历和时间中？从量子物理学关于时间过去、现在和未来同时性的观点中，我们对此的理解可以用于改变意识状态，意识是宇宙的基本现实。"你的"意识是一株珍贵的嫩芽，这个巨大的超越时空的完整意识中的一根绿色卷须。

诗人克里斯托弗·弗莱（Christopher Fry）在戏剧诗《囚犯的睡眠》（*A Sleep of Prisoners*）中写道：

感谢上帝，我们的时代就是现在，

当错误在任何地方迎面而来时，

别离开我们，

直到我们迈出，

人类有史以来灵魂最伟大的一步。

灵魂的步伐必须带着我们穿越每一个阴影，走向一个敞开的可能。在这个时代，我们可以抓住一切，必须竭尽全力，我们需要伟大的精神，也需要伟大的时代。

"一扇新的门还在等待我们开启"，我相信，人类的角色，是为一个真正幸福的时代提供容器，提供更多的潜力和可能，从而使人类进入宇宙。

治愈我们自己，治愈我们的星球

布鲁斯·利普顿（Bruce Lipton）

你必须了解过去才能理解现在。

——卡尔·萨根

首先，是一些坏消息：如果你关注世界新闻，浏览网页，或者仅仅朝窗外看看，可能就已经注意到"有事情"正在发生。面对社会、政治和经济动荡、宗教暴力、种族流血冲突、气候变化和毁灭性的全球医疗危机，人类文明正处于大规模剧变之中。

就个体而言，人类正在经历地球历史上的第六次大灭绝，而这些危机代表着"森林"中的一棵棵"树"。地球历史上经历过五次类似的事件，生命之网曾经蓬勃繁荣，之后出现一些灾难性事件，摧毁了将近 90% 的植物和动物物种。这些灭绝浪潮，每一次都是由自然事件引发，如板块运动、大规模火山喷发、大规模地震活动和剧烈气候变化。最近一次大灭绝事件发生在 6600 万年前，当时一颗大型彗星撞向尤卡坦半岛，那次碰撞颠覆了环境，灭绝了地球上大部分的动植物，结束了恐龙的时代。

今天，统计数据显示，我们正置身地球第六次大灭绝事件中。根据 2020 年发布的《地球生命力报告》（*Living Planet Report*），全球监测的哺乳动物、鱼类、鸟类、爬行动物和两栖动物的种群规模在 1970 年至 2016 年间平均下降了 68%。[1] 科学家们认为，由于海洋污染、过

---

[1] World Wildlife Foundation. Living planet report（2020）[R/OL].（2020-09-20）[2021-05-19]. https://livingplanet.panda.org/en-gb/.

度捕捞和鱼类繁殖地遭到破坏，到 2048 年，地球上的海洋里将不再有鱼类留存下来；2017 年，在对德国国家公园昆虫种群进行了 27 年的跟踪调查后，最新数据显示，在此期间，昆虫数量下降了 75% 以上。

美国航空航天局戈达德太空飞行中心赞助的一项研究显示，由于不可持续的资源开发和日益不平等的财富分配，全球工业文明正面临不可逆转的崩塌局面。①

气候变化的影响进一步损害了地球文明的未来。海平面上升对生活在大陆海岸线上的大量人口构成了直接威胁；气候变化的另一个更具破坏性但不太为人所知的影响是，天气的不可预测性将导致全球粮食生产的灾难。

虽然之前的五次大灭绝是由自然事件引起的，但科学研究已经表明，目前的第六次大灭绝是由人类破坏地球生态系统的行为造成的。②尽管科学家 12 年来不停地发出警告，但政府或公众很少或根本没有付出努力去阻止这场即将到来的灾难。

最后……好消息是：既然是人类文明活动导致了当前的灭绝浪潮，那我们就必须认识到，人类行为的改变可能会逆转当前对环境的破坏。更好的消息是：从正在衰竭的人类文明灰烬中，一个全新、可持续的文明的种子正在发芽。

然而，在好、坏消息之间，必然会经历一段时期的混乱。人类当前的生活方式对其生存造成了威胁，因此唯一能够生存下去的方式就是摒弃传统的行为，以便在一个全新的、可持续的基础上建立一个更

---

① AHMED N. NASA: industrial civilization headed for irreversible collapse[N]. The Guardian，2014-05-14.

② The Earth can no longer sustain us[EB/OL]. News Insider.（2005-03-30）[2021-05-19]. http://www.newsinsider.org64/the-earth-can-no-longer-sustain-us/.

美好的世界。不幸的是，媒体持续关注人类文明崩溃的可怕消息，而忽视了一个事实，即还有一种新的生活秩序、一种正在演变的新兴文明。

为了说明这一点，我们可以想想毛毛虫到蝴蝶的蜕变过程。斑蝶毛毛虫是一种贪吃的有机体，在环境中会留下重重的印迹。斑蝶毛毛虫在它们最喜欢吃的植物马利筋上产卵，卵孵化出来后，几天之内，它们就会将植物的叶子全部剥去。毛毛虫的身体由数百万个细胞组成，相当于微型的人类，它的每一个感知细胞，用来执行毛毛虫的生命功能。有些细胞是负责机体运动的肌肉细胞，其他细胞则负责获取和消化食物，还有一些细胞负责呼吸和排泄等系统功能。

当毛毛虫耗尽食物时，它们将自己包裹在茧中，茧中维持生命的功能停止，毛毛虫的细胞群解体，形成了一个由"闲置"细胞做成的"汤"。"汤"中的特殊想象细胞为茧内提供新的愿景，一个更先进的版本。蝴蝶是一种对环境有轻微影响的生物，当毛毛虫的结构被破坏时，茧的细胞群落经历了混乱，而与此同时，蝴蝶的结构正在形成。

在这个类比中，毛毛虫贪婪的胃口象征着人类文明，持续性地破坏着自己的生存环境。随着文明组织的解体，类似于想象细胞的那些人正在为公众提供创造更可持续文明的机会，创造一个对环境影响更小的文明。经历当前混乱的人们有两个选择：要么抓紧处于正在衰败的系统中的宝贵生命；要么放手，参与到一个更可持续的人类进化中。

人类文明目前的经历，其征兆来自大地之母盖亚的信息：人类要么改变贪婪的行为，要么灭绝。我们所了解的文明正在走向终结，但同时必须认识到一个非常重要的事实：这不是文明第一次濒临消亡。文明是有生命的系统，因此会表现出一个生命周期，包括出生、成熟期，接着是失衡、衰退和结束期。

西方世界已经经历了几个文明的兴衰：从万物有灵论（例如地球上的土著民族）到多神教（例如罗马人、希腊人、埃及人），再到一神教（例如犹太教、基督教），以及我们当前的文明版本，科学唯物主义。

过去、现在和未来的愿景是：为了繁荣昌盛的未来，人类文明现在需要修正其不当的文化行为。昆士兰大学创新管理教授蒂姆·卡斯特尔（Tim Kastelle）说的这段话很深刻："为了创造未来，我们必须了解过去。"①

我相信，要获得人类所寻求的洞察力，实际上必须追溯到 40 多亿年前生命的起源。最初的活细胞、原核生物（即细菌）和古细菌（生活在极端环境中的单细胞生物）被赋予一种称为"生理的必然性"的不可缺少的生命力，它代表着生存的动力。这一必然性通过两个主要的行为指令对生物体进行编程：一是个体的生存，二是物种的生存。对于个体，必然性包含一种无意识的驱动力，使有机体呼吸、喝水、寻求营养和自我保护，即使是最原始的细菌，一旦受到威胁，也会想方设法生存。

必然性还包括繁殖的根本动力，这是维持物种永存的机能。高级形式的多细胞生物中，必要的生殖策略通过雌雄个体之间的交配活动表现出来。

在蜜蜂和蚂蚁的交配季，一群雄蜂飞上天空，相互竞争，看看哪一只能够与蜂后成功交配。请注意，这里"竞争"一词是基于竞争的原始定义——共同努力。雄蜂间的竞争不是一场输赢之战，而是相当于一场体育赛事，看看哪一只雄蜂最强大，哪一个个体拥有最适合的

---

① KASTELLE T. To create the future , we must understand the past[EB/OL].（2014-04-30）[2021-05-19]. http://timkastelle.org/blog/2014/04/to-create-the-future-we-must.

基因，能够支撑起整个社会下一代的生存能力。

然而，竞争的概念在雄性哺乳动物中有着截然不同的含义。哺乳动物之间的竞争不是共同努力，而是一场"战斗"，击败或建立起高人一等的优势，这是一场输赢之战。在黑猩猩部落中，当一只年轻的雄性黑猩猩打败前首领时，甚至会杀死前首领的后代，以确保雄性新首领的基因决定部落下一代的命运。

不幸的是，高等哺乳动物生理上的必要性超越了生存的动力，还包括对个人权力的追求。最初，国王以男性首领的身份统治，是因为他在击败挑战者登上王位时表现出来的体力和勇气。然而，国王后续的继承人并不是通过体魄，而是通过控制土地资源所赋予的权力来维持对社会的控制。拥有资源的领导人可以通过提供一部分资源来换取对手作为警卫和军人的服务，来换取忠诚。这些社会中的女性更容易被那些拥有资源的人所吸引，而不是那些身体条件更优越的人；受其生理必要性的驱使，女性寻求与这样的男性建立联系，因为其资源更有可能支持女性的生殖功能，以确保其后代的命运，从而确保物种的永存。

随着时间的推移，进化带来了另一种个人权力的来源：知识。正如一句古谚语所强调的，拥有更多的知识可以更好地掌控自己的未来。弗朗西斯·培根爵士（Sir Francis Bacon）在其 1597 年出版的《沉思录》（*Meditationes Sacrae*）中，首次将这一真理永久化为"知识就是力量"。接着，罗马教会利用了知识所赋予的权力，声称它所代表的知识是绝对正确的，简而言之概括为"绝对权力"。事实上，知识支配着体魄和对资源的控制，这些权力在国王向教皇鞠躬并亲吻其戒指的行为中得到了确证。

"绝对正确"的知识使教会成为西方文明的"真理提供者"。教会所提供的知识在以犹太－基督教为主的一神教的文明中塑造了长达1000 年占统治地位的文化行为。绝对正确的知识最终成为一种危险和带有限制性的信仰，让人们无法获得任何超越《圣经》或教会法令规定的新思想。

为了延续其"绝对正确"的主张，教会引入了极度残酷的宗教裁判所——"袋鼠法庭"，关押、折磨和杀害被贴上异端标签的异见者。除了在西班牙宗教裁判所杀害的异教徒外，据说教会还有计划有步骤地处死了 100 多万"非信徒"，包括诺斯替教徒、新教徒、犹太人、穆斯林和南美土著人。我们很难想象，自称在耶稣基督教义中代表爱的教会，如何能不仅以他的名义杀死异教徒，还能说服其追随者，在对被冠以"女巫"之名的四五万妇女执行火刑时欢呼。这就是"错误的"知识的力量。

1543 年，天主教牧师、天文学家和医学博士尼古拉斯·哥白尼（Nicholas Copernicus）临终前发表了《天体运行论》（*On the Revolutions of the Celestial Spheres*），打破了教会"绝对正确的知识"的地位。哥白尼的研究表明，地球是一颗围绕中心太阳运行的行星，这一新的认识成功地挑战了《圣经》关于地球是上帝苍穹中心的故事。这本书在哥白尼去世当天出版，现代科学革命就起源于这一天。

16 世纪中期，哥白尼的学说动摇了教会"绝对正确的知识"的地位，但教会依旧设法统治着社会文明，直到 1859 年达尔文的《物种起源》出版。之后不久，犹太－基督教一神教文明结束，科学提供的新兴真理在当代文明社会被称为"科学唯物主义"。

在西方文明的科学唯物主义时代，文化规范主要来源于现代科学的原理和哲学。对塑造科学化哲学影响最大的是牛顿物理学和达尔文进化论所揭示的那些原理。虽然科学在过去 150 年里取得了令人称奇的进步，但它未触及的领域极大地促成了目前的大规模灭绝事件，而且最终可能导致人类文明的终结。

"知识就是力量"是一个真理，然而，当我们把"错误知识"当作真理时，这句话的反面，"缺乏知识就是缺少力量"，可能更切合实际情况，对于那些对牛顿和达尔文哲学持有固化误解的文化，其重要性不言而喻。

牛顿物理学将宇宙细分为两个独立的领域：有形的物质领域和无形的能量领域。牛顿物理学中隐含的一个基本假设是物质能够影响物质，这带来另一个假设，即由物质构成的物体只能受到其他物质形式的影响，所以传统的对抗疗法依赖于处方药物来处理医疗保健问题。当然，如果考虑到超过三分之一的病体康复治愈是由于意识促成的安慰剂效应，那么刚才提到的这一概念马上就失去了价值。

也许更重要的是，在一个以物质为中心的宇宙中，隐含着物质与能量领域的分离，这挑战着人类生活中灵性（即能量）的存在和影响。从 1851 年到 2000 年，统计数据显示，科学唯物主义文明时代的影响导致宗教信仰稳定而持续下降。例如，在一篇题为《安息，英国的基督教》（"Christianity in Britain，R. I. P."）的期刊文章中，作家史蒂夫·布鲁斯（Steve Bruce）写道："除非长期稳定的趋势得到扭转，否则主要的英国教派（基督教）到 2030 年将不复存在。"[1]

同样，新达尔文主义进化论传播的两个基本错误概念也对人类文明的命运产生了负面影响。该理论的生物机械版本强调进化是由两个步骤驱动的：首先是随机（偶然）基因突变启动进化过程；其次是自然选择决定了突变基因的命运。如果突变是有益的，则将在后代中传

---

[1] BRUCE S. Christianity in Britain , R. I. P. [J]. Society of Religion, 2001, 62 : 191-203.

播；如果突变对生物体的生存能力有害，则被淘汰，不会传给后代。

这带来一个问题，对于第一个假设，突变是随机、偶然的事件，这意味着根据定义，进化是偶然驱使的，一个基于"偶然"的机制深刻影响了长久以来存在的一个问题的答案，"为什么我们在这里？"。这意味着进化是一场掷骰子游戏，运气来自基因"骰子"游戏中的数千次摇晃。人类的存在代表着一场意外，没有目的，没有专门的设计。因此，达尔文理论在功能上将人类进化与自然和生命网分离，从而导致与圣经故事《创世纪》（Genesis）类似的结果。

新达尔文主义中隐含的第二个削弱人类力量的错误概念是遗传决定论，即遗传控制着人类的身体、行为和情感特征。尽管现代科学已经修正了这一错误，但公众仍然坚信，命运是通过父母遗传下来的基因组决定的，而这一错误理念正在削弱人类的力量，人们认为自己是无法控制的基因的"受害者"，而一旦自我认定为"受害者"，就会放弃管理自己生命的权力，而去寻求医生和处方药的帮助。然而，这种权衡代价高昂，在美国，对抗疗法是造成死亡的第三大原因①。

欢迎来到未来：科学唯物主义时代的意识和行为特征缺乏对大自然母亲的尊重，从而引发了第六次大灭绝事件。人类已经撞到了众所周知的那堵墙，我们现在所经历的混乱已经敲响了人类文明的丧钟，而正是危机促成了进化，人类可以通过改变目前的生活方式来生存下去！量子物理学和表观遗传学提供的新知识为创造新兴的、可持续的文明提供了机会。

传统的牛顿物理学强调宇宙被分为两个独立的领域，即物质和能量。1927 年，当引入新的量子物理学理论时，这一概念正式宣告无效。

---

① STARFIELD B. Is US health really the best in the world? [J]. Journal of American Medical Association，2000，284（4）：483-485.

量子物理学家揭示了原子是物质的组成部分，是从类似于"纳米飓风"的不可见能量旋涡中衍生出来的，新的物理学事实上证明宇宙只由一个领域构成，那就是能量。

虽然我们看不见能量场，但之所以人类能看到看似物质的东西，是因为光的作用。当来自光源的光子击中原子的凝聚能量场时，光子会发生偏转，从而可以通过我们的眼睛或摄影媒介看到，因此，物质的物理外观只是由反射光子产生的幻觉。这一洞见使爱因斯坦承认"现实只是一种幻觉，只不过相对稳定而已"。

原子旋转的能量旋涡产生了一个力场，当我们推动一个原子时，阻力场会"推回"，从而产生物质具有物理性质的感觉。如果将物理特性归因于我们对物质的感知，则会错误地认为物质的特征有明确的物理边界，将一种物质形式与另一种物质形式分开，从而导致了一种错觉，即物质对象是单独的实体。

当人类认识到一个原子的能量产生了一个类似池塘中涟漪的场时，这种错误概念的本质就被淘汰了。我们可以做一个有意义的类比，就类似雨滴在水池中产生涟漪的作用，每一个雨滴代表一个旋转的原子，而它产生的辐射涟漪代表每个原子核心的纳米飓风能量旋涡产生的电磁能量波。

这个类比提供了一个重要的启示，那就是每一滴水在整个水池表面产生的涟漪都是相互关联和纠缠不清的。人类对物质辐射能量场的认识表明，自己的个人能量场与其他人的能量场以及宇宙中每个其他物质对象的能量场都有着不可分割的联系；同样，构成我们对物质感知的每个原子的能量涟漪都与宇宙中其他每个原子发出的辐射能量波纠缠在一起！宇宙是能量的奇点，不能细分为单独的"物理"元素。牛顿科学强调个性，量子物理学强调统一。"一切"就是"一"！

量子物理学中有这样一个原理，强调不可见的能量场是控制粒子的唯一场所（即我们所感知到的物质）。能量场可以简单定义为影响物理世界的看不见的运动着的力；精神同样也可以定义为影响物质世界的看不见的运动着的力。这并非巧合，而是场就是精神！量子物理学的原理将现代科学与传统文化所提供的观点结合在了一起。

量子物理学已被证明是地球上所有科学中最有效、最真实的。量子物理学的基本原则之一是：意识，作为一个能量场，产生了我们对现实的体验。

量子物理学带来的新意为人类文明提供了创造一个新兴、可持续世界的契机，与此类似，新的表观遗传学使个体能够对其个人创造力有所了解。与生物学的传统观点基因控制理论相反，表观遗传学强调环境，更具体地说，人类对环境的感知，控制了遗传表现。[①]

在基因决定论时代，人们认为基因是造成疾病的主要原因，然而，最新的数据显示，只有约 1% 的疾病是由基因引起的，[②] 而高达 90% 的大多数疾病，包括心脏病、癌症和糖尿病，都是由压力直接造成的，压力是一种我们实际上可以控制的意识表达。[③]

我似乎可以听到你的回答，难道个人意识对困扰生活的显化问题和健康问题负有责任吗？你对这一论断提出质疑，为什么明知有问题还会去做？正如《信仰生物学》（*The Biology of Belief*）中所描述的，心理活动是塑造人类生命特征的意识之源。[④] 从功能上讲，大脑意识

---

① LIPTON B H. The biology of belief [M]. Carlsbad, CA: Hay House, 2016.
② RENTER E. Blame genetics？"flawed genes' cause less than 1% of all diseases"[J/OL]. Natural Society，2013 [2021-05-19]. https://naturalsociet.com/still-blaming-your-genes-for-your-healththink-again /.
③ The effects of stress on your body[EB/OL].WebMD（2017-04-30）[2021-05-19]. https://www.webmd.com/balance/stress-management/effects-ofstress-on-your-body .
④ LIPTON B H. The biology of belief [M]. Carlsbad, CA：Hay House，2016.

的特征来源于神经系统的两个功能分支——意识和潜意识的结合。

创新意识受到个人精神能量场的影响，是我们愿望、欲望和抱负的来源。相比之下，潜意识就像电脑的硬盘，是一个可编程、可下载生活经历的数据库。下载到潜意识硬盘中的主要内容仅仅是通过观察父母、兄弟姐妹和社会其他成员在生命中最初七年的行为获得的，然而不幸的是，人们下载到潜意识硬盘的大多数内容都是束缚、剥夺权力和自我破坏的行为。

我们愿意相信，人类的行为源自有意识思维的积极特征；然而，心理学家已经证实，人类 95% 的认知活动来自潜意识。[①] 这一事实背后的原因是，一天中 95% 的有意识思维的注意力都集中在内心，参与思考过程；当意识在忙碌时，潜意识作为自动驾驶仪介入，控制认知活动。一个专注于思考的有意识的大脑既不会观察也不会意识到他们所从事的往往是具有破坏性的潜意识行为，虽然这是一个相对较新的科学见解，但耶稣会教徒们 400 多年前就已经意识到了这一事实，他们声称"将孩子的头七年交给我，我会还给你一个男子汉"，由此证明了这一点。

总之，每个人都需要对自己的生活和健康负责，然而大多数人意识不到这一点，除非他们能够理解上一段文字的内容。如果肯定潜意识的控制作用，生活会是什么样子？对于那些坠入爱河并经历过幸福和健康的人来说，结果是令人吃惊的，他们将保持"用心"的状态，不背离潜意识，就像在度蜜月！[②]

---

① SZEGEDY-MASZAK M. Mysteries of the mind: your unconscious is making your everyday decisions[J]. U.S. News & World Report, 2005, 138（7）: 52-54, 57-58, 60-61.

② LIPTON B H. The honeymoon effect: the science of creating heaven on Earth[M]. Carlsbad, CA: Hay House, 2013.

对大多数人来说，蜜月的快乐是短暂的，生活的责任不可避免地要求有意识的头脑参与思考，从而使得潜意识重新控制认知过程。但是思考一下这样的设想：重写有限的潜意识硬盘，使其反映有意识思维的愿望和欲望，那将会产生什么结果？答案是：无论始于有意识的思维还是无意识的思维，你生命中的每一天都是蜜月体验！

进化始于人，量子生物物理学和表观遗传学提供的修正后的知识肯定了人类作为创造者的角色，这种认识将带来一种新的文明版本，类似于我们在苦苦追寻的蜜月。人类文明目前处于转型期，正在从一个人类认为自己是"受害者"的世界走向一个现实的版本，在现实中，人类作为有意识的"创造者"积极行使其权利。

一种文明结束，接下来新一轮文明开始，进化并不是"把婴儿连同洗澡水一起扔掉"，而是一个取其精华、去其糟粕的过程。人类文明正在积极回顾人类历史上好的方面和坏的方面，以便重新定义和发展人类及其与大自然的关系。"我也是"（Me Too）、"黑人的命也是命"(Black Lives Matter) 和"绿色环保"这些运动的兴起揭示了人类文明目前的失衡状态。

我们通过改变在生活中的角色，积极参与，推动文明过渡到一个基于爱与和谐的世界。在这一过程中，我们必须尊重和发扬历史上那些曾经促进文明发展的优良、有益的行为，比如关注家庭和社会的健康与幸福，因为拥有相同意识的大型社区的集体振幅可以深刻地改变世界。通过有意识的进化，我们都将能够体验到"地球上的天堂"！

日本视角下通往更美好世界的途径

野中知世

如果达·芬奇还活着，他会告诉我们什么？

人类历史上，我们多次战胜了类似 15 世纪大瘟疫这样的风暴。现在，步入 21 世纪 20 年后，人类再一次受到全球性流行病的重大打击。我们认识到这有多可怕，在我写这篇文章的时候，确诊病例数量已经超过了 1.22 亿，死亡人数接近 270 万，而且这一数字还在继续增加。

但同时我们也了解，15 世纪大瘟疫结束后，文艺复兴开始蓬勃发展。通过摧毁教会和封建领主这两个最强大的社会力量，普通民众获得了社会和政治地位，成为公民，而在此之前，任何人都无法想象这两个强大的力量能够被摧毁。

是的，现在轮到我们了！

我们应该认识到，这是人类改变世界的黄金机会。作为欧文·拉兹洛组织的"世界转变"（World Shift）团队中的一员，我们的使命是引领转变。

欧文委托我从东方的视角写一篇关于新时代的文章，我深感荣幸。但由于我不是物理学家、经济学家、人类学家或学者，并且表达自己观点的空间有限，所以请允许我单纯对自己的想法进行概述；同时因为我关注的是东方视角，所以将重点讨论日本文化及其现状。

小心！我们面对的敌人到底是谁，或是什么？

纵观历史，或者确切来说，在工业革命之后，我想重点谈谈二战后那段时间的日本社会。大多数社会制度（不仅在经济和政治方面，也包括在教育方面）的构建都是为了使我们战败后的国家和社会比以前更文明、更美好。我们的口号是"赶上美国！超越美国！"，人们努力工作，以至于被称为"经济动物"，这听上去像是一种恭维。为什么不更加努力工作呢？

为公司投入的时间越多，你就越富有；挣到的钱越多，你的生活就越幸福！这是我们当时的社会信仰。我们称那些年为"昭和奇迹"，当时经济经历了高速的增长（1955—1973），日本成为这个星球上第二富有的国家，人们对"罗马俱乐部"关于"增长极限"的警告置若罔闻！

经历了第一次和第二次石油危机，接着通过发展新的环境技术克服了严重污染，之后日本进入了"令和年"。这是失落的 30 年（1989—2019），在这段经济低增长时期，所谓的金融资本主义风暴不仅影响了日本，也影响了全世界。

无论日本普通民众曾经多么美好（或天真？或麻木不仁？或迷恋金钱？），我们都怀疑这个以金融资本主义为导向的社会不适合创造人类的幸福。然后，在过去的 10 年，日本政府以天文数字的规模（领导人自己也这么说！）推出量化宽松政策（印钞）和维持经济政策（买股票！甚至动用养老基金）。东京证券交易所市场，换句话说，日本经济，"看起来"仍然处于良好状态，但我认为这根本不是一个健康的资本主义。股票持有者越来越富有，而目前经济受到 COVID-19 肆虐的重创，普通人变得更加贫穷。20 世纪 60 年代的一些民意调查显示，95% 以上的日本人自认为是中产阶级，而现在，日本已经沦为一个贫富裂痕明显的国家。我们已经认识到，漂亮的经济数据和追求更多的金钱并不总是引导我们走向真正的幸福。

一神论还是多神论？

谈到东西方之间的差异，总体来说，有一些问题是不可避免的，其中之一是关于宗教。众所周知，这是一个复杂而微妙的问题，作为非专业人士，我尝试着提出一些既大胆又简单的想法。

尽管京都有许多美丽的神殿和寺庙，但日本人经常被看作是不信教的民族。很抱歉，这是一个误会，在日本，我们的确有许多虔诚的佛教徒、基督教徒、穆斯林和具有其他信仰的团体。确实，我们没有特定的民族宗教，但我们有 "Yaoyorozu no Kami"。"Yaoyorozu" 的意思是 800 万，"Kami" 的意思是神。是的，在日本有 800 多万神，所以，难道我们不信教吗？！换句话说，我们相信并能感受到自然界中的所有事物：树木、岩石、月亮、太阳，甚至云朵和风中的神，我们双手合十，面向这些自然之物，表达我们的感激之情。

你可以称之为一种多神教，更具体而言，可以视之为一种社会习俗或长期以来在日常生活中建立的一种文化行为，而不是一种宗教（自人类融入自然、社会，形成各种生活方式以来，已经有大约 16000年历史了），这是日本历史上的绳文时代。

当认识到人类的存在是置身于大自然的怀抱，我们的感觉是自己不是活着的生物，而是得到允许能够生存的生物。得到谁的允许？上帝？佛陀？……不，我们活着，是得到自然之神的恩典！

村上博士（Dr. K. Murakami），我尊敬的导师和朋友，参与了世界上第一个水稻基因组分析。他告诉我："是的，我们的工作，奇迹般地完成了！但是，真正创造奇迹的是原始基因组的缔造者。你认为缔造者是谁？"他称那个缔造者为"伟大之物"。一位才华横溢的科学家的如此说法，给我留下了深刻的印象。

对日本人而言，大自然不是我们周围的环境，而是母亲的子宫，我们天生就存在于大自然之中，感觉自己就在母亲的子宫里。

一神教形式的欧洲哲学和宗教似乎来自觉醒，来自与自然的对抗，简而言之，创建了一个等级制度：上帝是第一位的，在顶端，其下是人类，最后是自然界。但在日本，位于顶端的是自然界，以 800 万神的形式养育着我们人类。

我记得一个朋友给我讲过一个故事。从前，在欧洲，当人们面对漆黑的森林时，会感到恐惧，所以他们决定开辟和培育这片荒野：砍伐树木，带来阳光和启迪，驱除他们认为的黑暗和邪恶，从而创造了一个"有文化的"社会。与此相反，过去，在日本，人们不是带着恐惧，而是带着喜悦和尊重步入森林。他们看到了大树和岩石，把它们当作神一样来敬奉，认为它们是当地的守护神。这种多神教文化被称为古神道。竖立着牌坊（通往神圣区域的门柱）的森林被称为"镇守的森林"，遍布日本各地。在未来面对环境问题时，将这种对待自然的方式应用于西方，可能会起到非常强大的作用。换句话说，建立这种关系的关键在于以更加卑微、谦虚和尊重的态度对待地球上的自然元素。

21 世纪的复兴会来自日本吗？

经历了二战后的经济资本主义，尤其是在城市，人们开心地扔掉所有带有日本口味的东西，为了追随和尝试获得西方，或更确切一些，美国的生活方式。可悲的是，我们对大自然的谦卑和敬畏之心也同时被抛弃了。

实际上，早在19世纪中叶，我们已经经历过类似的极端社会行为。日本经历了300年的幕府江户时代，之后，进入明治维新时代。武士们剪掉了属于特权阶层的丁髷顶髻，梳了一个"林肯式"短发。这是我们的"天性"，不是吗？一旦我们下定决心要在这个小岛上生存下来，就需要有强大的胃来分泌坚硬的文化消化酶。在这个小岛上，除了大海，没有其他的逃生途径，我们只能潜入大海直至死亡。

在这里我想分享一件事，日本人在改变价值标准方面并不落后，一旦确信这是改善生活的正确方向，我们就会勇往直前。

现在，让我们快速前进

日本跃居全球第二大富裕国之后，一些财富泡沫确实破灭了，同时又受到雷曼兄弟事件的冲击，但这些经济上的起起伏伏是在同一场游戏中进行的，适用同样的市场规则。

但如今情况大不相同，游戏规则本身已经发生了变化。

我们应该认识到，不管喜欢与否，人类正处在一个彻底的全球社会变革的过程中。由于尖端信息和通信技术的出现，实现幸福将迟早成为信息和通信技术所面临的挑战，而不再依赖于政府的规章制度，这将是另一轮游戏。

好奇心和想象力是永恒的能量源泉！

"行星"这个词让我想起四位绅士：巴克明斯特·富勒（Buckminster Fuller）、马歇尔·麦克卢汉（Marshall Mcluhan）、约瑟夫·坎贝尔（Joseph Campbell）和詹姆斯·洛夫洛克（James Lovelock）。年轻的时候，我比较容易受别人影响，当时，我内心深处对他们的话产生了共鸣。"地球太空船""媒体就是信使""地球村""盖亚理论"等等，给人类敲响了警钟，让我们，特别是年轻一代，睁开眼睛瞭望宇宙，让我们以不同的视角来俯视和理解地球这个小星球上发生的事情。这是我在 60 年代和 70 年代度过的黄金岁月！

如今，在 21 世纪，这场全球性流行病唤起了类似但更深刻的觉醒。我情不自禁地回到图书馆，寻找埃尔温·薛定谔写的一本小书《生命是什么》（*What Is Life*）。我在 20 世纪 80 年代读研究生时读过这本书，当时我主修新闻，清楚地记得当时的我很难理解书中的内容，但它给我留下了深刻的印象，因为它的确将我对宇宙的看法与量子世界联系了起来，让我有了活着的感觉。在这里，我没有足够的篇幅来写这本小书，但触动我内心深处的一点是，我们生活在宇宙能量的框架之内。

当然，我还从书架上拿了另一本很重要的书来重读：欧文·拉兹洛和裴德·柯里文合著的《宇宙》（*CosMos*）。这些书都涉及创造幸福新范式的内容，高度推荐阅读。

精神疫苗？

媒体和政界人士都在高谈阔论"哪种疫苗最好"，以及如何接种疫苗，事实上，有一件事更加迫在眉睫！我们需要找到消灭新冠病毒的方法。在 14 世纪和 15 世纪，人们能够勇敢地面对自己的处境，战胜黑死病，而当时他们认为，这样的尝试就犹如将天空和地球颠倒一样，不可能实现；但即使如此，人们依旧继续前行，并最终取得了成功。为什么呢？因为当时的人们摆脱了封建的束缚，有自己的希望和梦想，在战胜瘟疫的同时，没有忘记寻找自己的幸福。

为什么不是我们？新的幸福是什么？
再次强调，首先要了解：挑战是什么？

人类一直努力在生活的各个方面获得更多。这种追求更多的影响，有好有坏，是如此强大，以至于我们生活的各个方面都变得相当复杂。人类生活在一个错综复杂的社会中。

你能说出出现在你脑海中的两个词吗？

对，这听起来可能很奇怪，但我们应该谨慎使用的第一个词是"多样性"，这个词非常流行，这很好，它打击了社会上的分裂思潮：共产主义还是资本主义？民主党还是共和党？男性还是女性？富人还是穷人？等等。为了保证多样性，我们需要同理心、宽容并接受差异。但与此同时，在我看来，我们的思维和感知危险和挑战的能力正在衰退。不知怎的，我们被缠住了；不知怎的，我们陷入了一张蜘蛛网，在那里，文字太过简单而没有用武之地。

另一个词是"可持续发展目标"（SDGs），这可以接受，有总比没有好。作为一种普遍通用的衡量方式和语言，它是好的，但我们必须非常小心，这个词会分散人们的注意力，使他们无法了解和寻找问题的真正原因，我们没有时间仅仅做一个"环保主义者"。

爱因斯坦：没有问题能够在创造它的意识层面上得到解决！

今天在全世界肆虐的流行病告诉我们，无论是富人还是穷人、男人还是女人、首相还是国王，都没有区别，每个人都可能被感染，病毒不在乎你的钱财、你的肤色、你的国籍。这次全球性流行病让我想起了全球变暖的问题，但是新型冠状病毒是隐性的，闻不到、听不到，一个极微小的物质进入人类的世界，整个世界因而停摆了！我们都停住了脚步！没有贸易，没有航班，不允许外出吃饭，没有大型活动，只是和家人待在家里。转眼间，威尼斯的水变清澈了，海豚又回来了，印度的空气如此洁净，以至于在 100 多公里外可以看到喜马拉雅山。

这一切证明，我们所追求的幸福价值标准对人类生活而言，已经不再合适，应该改变这些标准，以维护清洁的环境。这个要求极端吗？不，一点也不。人类从病毒的肆虐中得到了教训。我们可以待在家里，和心爱的家人在一起，我们可以这样生活。这意味着，应该把重点放在自己所属的社区，并重建它，使其可以持续发展。是的，回归地球最原始的行为，这并不是回到伍德斯托克①，有很多方法可以改变我们的价值标准，开始一种新的生活方式。

没有生命，何谈幸福！

在全球性流行病肆虐期间，我们的生活的确停摆了。为什么？因为害怕。在了解了那些可怕的症状之后，我们终于认识到生活中最重要的是什么：活着！我们想活着，不想死。我们发现了能真正吓到我们的，是我们自己！因此，"生命"和"活着"就是答案。在日语里，我们叫作"命"，这个词有许多深刻、微妙而复杂的含义……但这一次，我接着说，从现在起，只有知道如何在我们所生活的区域过上更健康、安全的生活，幸福才有可能实现，而做到了这一点，幸福才可能在整个我们的星球层面上实现。

---

① 伍德斯托克是位于美国纽约州北部的一个小镇，最早的伍德斯托克音乐节于 1969 年 8 月 15 日在这里举行，由四个青年自己出钱策划，主题是"和平、反战、博爱、平等"，规模阵容史无前例。"伍德斯托克"的组织者将这次音乐节对外界宣传为"乡村的快乐周末，临时的自治村庄"。

没有大笔资金的支持，我们能做到这一点吗？

最后，人类已经觉醒，找到了在这个星球上存在的真实本质。我们在互联网上分享同一时刻一起观看相同的画面，就像在观看电视上的同一场直播，终于感受到了"我们在同一条船上"这一真理。

我们通过生存和呼吸不仅与其他人联系在一起，而且与所有生物建立起联系。看看鱼缸里的金鱼，水对它们而言就像空气对人类一样，人类的空气是由我们长期破坏的树木和海洋提供和净化的，人类受到追求"更多"的动力驱使，相信这样的破坏能使我们富有、舒适，并创造出"幸福"。

金钱是有用而强大的，但它也只不过是工具，而不是我们生活的目的。我们有时会把手段错当成目的，而失去真正重要的东西。我们最重要、最有价值的东西，就是"活着"。

"在爱情和战争中，一切都是公平的"，这是一句老话，在全球化的名义下，可以改为"当赚钱的时候，一切都是公平的"。

我没有那么天真，会认为金钱是邪恶或无用的，但我想肯定的是，金钱只是达到目的的工具和手段，问题在于如何使用它，以及为了什么目的使用它。金钱如此强大，有了钱，可以在世界上创造出新的幸福。2005 年，我成为三洋电气的首席执行官，当时，在公司内部提出了一个新的愿景，即"想想盖亚"。我们能够在不浪费水的情况下制造洗衣机，并制造出其他世界第一的生态产品。虽然我们创造出许多"想想盖亚"的产品，但最终我辞职了，这比"雷曼兄弟"冲击事件早了 10 多年。当时在金融领域，没有人，无论是投资银行家、证券经纪人还是其他人，关心自然界和这个星球的未来，他们只关心利润。他们的目的、目标、职业、爱好，他们存在的所有行为，都是为了拥有更多的钱。

我们能从以金钱为中心的资本主义走向平民资本主义吗?

建立在金融领袖们以金钱为中心的资本主义基础上的社会体系如此强大,以至于我们相信根本无法反抗。的确非常强大,这一点我们丝毫不怀疑。

但现在是站起来行动的时候了!时间到了!

让我说得更清楚一些,我们应该微笑着站起来!与他人作战,伤害或杀死敌人不是我们的方式,站起来是为了不让任何生物受到伤害。

创造美好的世界

日本的领土面积与美国的加利福尼亚州差不多大。这么小的国家!幸运的是,有 1.2 亿人居住在这里,剩下可用的土地中有近 70%是森林。

除此之外,在日本,有很多以 "ki" 开头的单词,这个单词相当于汉语中的汉字 "气",当与其他动词组合时,有空气、气氛、气味、能量的含义,还有思想、感情、心灵、精神、意志甚至意识的含义。日本人早就知道并感觉到,地球上的一切自然元素将我们与宇宙能量联系在一起,实际上有一些武士道武术家,他们可以以 "气" 作为武器打败对手。我的空手道老师大岛健二(Kenji Ushirom)是这个领域的佼佼者。他将 "气" 描述为在量子层面上与宇宙能量连接的 "思想深度,实现同步、多维运动的意识"。

我坚信并希望这个名为 "日本" 的岛屿能够为改善所有生物生活的新范式做出贡献。我们面临的挑战是将人类的价值标准从金钱转向生存("活着" = "生命")。

就此而言，我想与大家分享"布达佩斯俱乐部世界转变日本篇章"的成员所做的这个图，它将国际网络注入了我们的品牌图标。我相信，与尽可能多的人分享这张图将有助于我们认识到，每一个人的转变都很重要。

我们不需要一个伟大的莱昂纳多，而是需要普通公民团结起来，创造更美好的世界：一个幸福时代。

这是我的转变，价值标准从金钱转变为"生命"。

（世界转变）

（以金钱衡量价值）

（以"生命"衡量价值）

总结与展望

欧文·拉兹洛

本书的各个章节传达了通往更美好世界——我们称之为"幸福时代"的新纪元的各种途径。所谓幸福，指的不仅是个人，而且是世界万物和所有人的幸福。正如中国人的智慧所坚守的那样，个人的幸福是以所有人的幸福为前提的，大家都幸福才意味着真正的幸福。

现在到了需要我总结这些探索，得出结论的时候了。要做到这一点，需要指向已经整理的通向幸福时代形形色色但又不相矛盾的这些途径的核心，我称之为"康庄大道"。

我们能找到康庄大道吗？显然，需要我们在思想和行动方式上做出重大改变。为了迈向一个全面幸福的时代，我们需要改变今天占主导地位的思维方式，需要一种全新的思维和行动范式。目前，人类大家庭的绝大部分还远远没有实现这一目标，占主导地位的是满足个人眼前的需要和需求，而不太关心他人的幸福，甚至他人的生存。这就是在走老路，这样的时代已经成为过去了。在这里，我总结了新的道路——"康庄大道"的一些特征。

合一、友爱和身份延伸——渴望获得幸福意味着渴望所有人幸福，而这种渴望似乎是在做白日梦，然而，仔细观察，我们发现许多人，特别是年轻人，都接受了这种观点。支撑这种观点的是一个古老而现在又重新开始流行的见解：人类不是一个巨大无灵魂机器上的独立齿轮，而是这个星球上整个生命系统中相互关联的部分；人类是这个系统中准生命体——一个一致的、无缝的整体中的一部分。今天，这已经不仅仅是臆测了，是尖端科学。爱因斯坦说，"分"是一种幻觉。

　　然而，几个世纪以来，人类一直生活在"分"的幻觉中。我们的先辈正是在这种幻觉下创造了 21 世纪的世界，难怪他们创造的世界被证明是不可持续的。这是一个"是我而不是你"的世界，我是第一位的，我想要的是"我"和"我的"权力和财富，我不关心"你"和"你的"，"你"和"我"的存在是分割的，虽然我们的利益有时会相交，但也不一定，而且在实践中，很少相交。

　　尖端科学重新认识到人类之间的联系，这很好，但不幸的是，它渗透人类思维的形式对大多数人来说是不够的。人与人之间的联系需要得到承认，当然不能片面地关注"我"和"我自己"想要什么，在这个相互作用、相互依存的世界里，"我"是什么，什么是"我"，什么是"我的"，与什么是"你"和"你的"，有着全面和根本的联系。

　　要进入一个幸福时代，需要的不仅仅是你我之间的外部联系，还需要内在的和本质的联系，即那种超越自我界限的联系。当 A 和 B 本质相关联时，它们是一体的，而不是两个，这一点很重要，因为它隐含着一个关键：如果我和你是一体的，那我会像祝福自己一样祝福你；当我渴望自己幸福时，也渴望你幸福；当我爱自己时，也爱你，因为爱你就是爱这个一体的系统，而你我都是这个系统中不可分割的部分。

　　显然，我们所说的你我并不局限于个人。从 A 的观点来看，B 是整个人类大家庭，在这个家庭里没有陌生人，我们都是同一个家庭的成员，理所当然地将自己视为一个整体去思考和行动。

　　扩展我的身份，包含你，也就是人类大家庭中的所有成员，这是一项艰巨的任务，但这还不够，还不是通往幸福时代的康庄大道。即使我们认同人类社会中的所有人，但仍然可以看到自己与社区中的非人类成员直接分割。如果我们把自己与任何其他形式的生命分开，那么现代世界的弊病和问题将又一次浮现，人类与大自然的疏离，以及人类对自然界不负责任地开采。

与人类大家庭的其他成员融为一体，这是迈向幸福时代的第一步，是一个很好的开端，但这还不够，必须紧跟着其他的步骤，其中一步就是"生命圈"，用大写字母"L"表示。大写字母"L"代表的生命圈，是这个星球上所有生物的全体。

我们可以体验与生命"合一"：已经有许多神秘主义者和有灵性天赋的人描述过这种体验。当代神秘主义者拉沙（Rasha）在一本名为《合一》（*Oneness*）的书中记录了她自己的"合一"经历，以下文字描述了这一经历：

如果愿意，你会毫不费力地流向现实，不受时间和空间线性概念的约束。在现实中，根据定义，物理感知是多余的，"合一"是一种融合、一种联系、一种快乐的，你的全部与被感知的"他物"和谐一致。最终，"自我"和"他物"的感知将没有区别，因为一切都将合而为一。我们是"合一"的，是万物的统一体。①

踏上通往幸福时代的康庄大道意味着感受到与其他生物的"合一"：与地球上所有复杂而连贯的系统"合一"，最终，这种感觉达到极致，升华为最高形式的爱——无条件的博爱。

与人合一和与自然合一并不冲突。生命圈——地球上所有生物的全体，是一个包容的系统，人类生活在其中，应该以正确的方式去爱它。

当阿尔伯特·史怀哲（Albert Schweitzer）呼吁"尊重生命"时，他想到的是承认我们与所有生物（生命圈）的"合一"；当人类对生命感到敬畏时，就会对那些不在我们之外的存在感到敬畏，不在我们之外的他物，就是和我们"合一"的自己。波斯神秘主义者鲁米

① RASHA. Oneness[M]. Santa Fe, NM : Earth Star Press，2003.

（Rumi）说，我们不是沧海一粟，而是一滴水中的海洋，人类不仅仅存在于这个鲜活的世界，这个鲜活的世界亦在我们之中。

过去，这些见解和主张被称为理想主义形而上学，但如今开始被视为经验科学，这是新物理学。物理宇宙学告诉我们，世界是一个完整的系统，用一个恰当的比喻，这是一幅全息图。在这个全息世界中，所有存在的事物都存在于每一部分之中，整个宇宙存在于每个原子之中，因此整个宇宙都存在于"你"和"我"之中。

感受人类与生命圈的"合一"不单是想象，而是真实、内在的感觉，"追本溯源"，与构架人类生存的"合一"系统的联系。

进化论主流科学家们一直坚持认为，地球上的生命产生于一次惊人的、不可思议的偶然事件，来自一次宇宙事故。大约138亿年的随机相互作用生成了我们居住的宇宙，并在宇宙中产生了人类。如今一切都更加清晰了，生命不是一场意外，是一次普遍的进化动力，无论何时何地，只要有机会，就会被表现出来。有机分子是生物生命的种子，甚至在恒星附近人们也发现了有机生物，而科学家们认为没有什么比有机结构的形成并持续存在更复杂了。在我们的星球上，生命大约在38亿年前形成，并且在物理条件允许的情况下不断出现和进化。

生命的进化是宇宙中一种基本进化动力的表现，其表现形式也体现出这种动力。生命不仅仅是追求"适应"，如果只是如此，那么地球将主要由蓝绿藻、变形虫和其他单细胞生物、群体生物和简单多细胞生物组成，这些物种中的大多数都达到了近乎完美的适应状态，对环境的适应能力坚如磐石，用达尔文的话来说，它们惊人地"适应"。除了火山爆发、气候突变和自然灾害之外，没有什么能导致这些生物的灭绝。

然而，在生物圈中居住的并不主要是那些超级适应的生物，许多物种的进化超出了它们对环境的最佳适应范围。有一些物种寻求所有可能支持它们的生态位置，甚至那些提供生物生命所需最低限度资源的环境。一些所谓的极端微生物，能够忍受极高（或极低）的温度、压力、辐射和酸度，它们侵入并占领了像活火山、沙漠和深海这样不太可能有生命存活的生态位置，顽强地在那些被认为生物无法存活的环境中生存着。

有证据证明，生命的进化并没有朝着稳定和健康的方向发展。地球上的进化，以及可以想象的宇宙中无数其他地方的进化，推动着一个复杂而连贯的系统的形成：内部"合一"，其元素有机组合。认识到这一点很重要，因为与这一进化保持一致就是与朝向"合一"、连贯的普遍动力保持一致。

与进化的步调一致在生命系统上留下了印记，系统越复杂，印记就越清晰，当复杂的系统保持一致时，系统很健康，生命则繁荣；对于人类有机体的复杂系统来说，这种一致性转化为健康和幸福，最终表现为与地球上所有生物"合一"的状态，以及最终对它们的"爱"。

人类可以通过很多方法感受到"合一"。前面的章节提供了一个恰当的例子。实现与世界"合一"的方法之一是，采取以科学为基础的方法调查前沿科学所取得的发现，这使我们了解人类并不是孤立存在的，而是更大的"一"的一部分，最终从属于生物圈中的生命圈。另一种方法是寻求精神传统的智慧，比如"道"，引导我们走向内心，认识到"天人合一"，由此使人类与宇宙的动力联系起来。

我们可以通过很多方式获得与生物的"合一"，甚至是身份"合一"；可以遵循自然科学的指导，也可以遵循精神传统的洞见，另外还有一些创造性的方法，比如本书中那些杰出的作者提出的方法。格雷格·布莱登告诉我们，人类拥有创造一个更美好世界所需要的一切，我们只需要好好去加以利用。迪巴克·乔布拉提出了这样做的内在先决条件，包括保持专注，寻找并给予支持，重视内心的平静与安宁，提高人类的精神智商，培养超然的心态，这并不意味着"分"，而是对世界的真正理解。

科学家们基于观察和实验的理论为我们指明了方向；神秘主义者和哲人们用他们自发的洞察力为我们指明了方向。这些方法各不相同，但有一个共同的特点：使我们认识到人类与生命圈的内在统一性。我们与生命圈的联系，以及最终的"合一"，不仅是一种个人的、有意义的感觉，如今也是人类在地球上持久生存的先决条件。

人类身份的扩展是一项现实的任务，许多年轻人已经在扩展身份、进化意识，展现他们在音乐、诗文方面的新见解，为人类大家庭磨砺一个新的叙事和一种新感觉。他们的这些叙事会广泛传播，因为是与地球上生命的进化同步的。

除非发生重大灾难，否则我们可以预见，越来越多的人尊重并感受到他们与生命的所有表达和表现的"合一"，体验对世界无条件的爱，认识到世界是人类的一部分，因为人类是世界的一部分；这一发展将接纳更广泛的敏感群体和具有开放心态的个人，成为政治、经济、技术发展和环境保护的一支力量。人类的进化将有助于达到任何生物所能企盼的最高水平：为每一个人获得幸福，生活在这个极其连贯、精心编织但又很脆弱的生命网中的每一个人。

写给读者的话

曹慰德

我的消息

　　人类正处于一个十字路口，需要做出抉择。新的时代向我们走来，实际上，新的时代已经到来，如果你了解它，只要环顾四周，就能看到它。正如本书以各种方式阐述的那样，人类正面临着世界观的转变、时代的改变，而这一新的哲学范式就是"合一"和"全民幸福"。我们需要研究如何达到个人、整个社会以及被称为"人类"的元有机体的幸福状态。在引领这一转变的过程中，我们不仅可以利用西方科学的智慧，还可以利用中国传统的智慧精神。

　　我们的任务是进入人生旅途的一个新时代。这是一次觉醒之旅，与宇宙能量自然契合，创造一个新时代。踏上征程和觉醒意味着人类的创造力已被释放出来，并开始在我们身上流动，因为万物皆生灵，生灵即万物，人类可以为整个生命系统增值。

　　进化总是指向这个时代所面临的挑战，而我们目前所处的时代的主要挑战是可持续性。同时，一种新的范式正在出现，一种连接物理学和形而上学的新意识。在人类经历全球一体化的时候，中国的崛起创造了一个与量子范式文化相关的新体系，我们正在从一个极端分裂的现实走向一个合作的世界。人工智能和其他技术进步是正在发生的进化转变的表现，带来了走向幸福新时代的曙光。量子领导力可以挖掘人类内在的创造力，在人生旅程中，我们无非是有意识地朝着觉醒的方向努力，并与我们的潜力保持一致，共同协作，创造全新的人类，走向繁荣、迎接可持续性挑战的人类。

这种觉醒所产生的意识——创造性的新能量，来自人类本性的量子层次，来自我们的灵魂，我们需要这种创造力来面对未来。技术进步也使新系统的出现成为可能，而人工智能肯定会接管人类目前正在做的大部分生产性工作，并且会更有效、更准确地完成这些工作。在一个人工智能重新定义了市场的世界里，所有参与要素都将涉及某种形式的创造力，因而人类需要提供的主要是创造力。

我及本书的其他作者，在前进的方向上已达成一致：生命之旅是为了人类的幸福，未来趋势已经很明确，现在就是改变的最好时机。人类已经走到了十字路口，作为一个物种，已经实现了富足；但作为一个系统，人类的生命正岌岌可危。我们意识到人类未来的挑战，可以选择马上踏上觉悟之路，改变观念，创造新人类，这样的新人类不仅有新兴的经济、政治，还有新兴的社会结构。我们在这一紧急时刻做出的选择，无论是集体还是个人，会影响到一切，但最实际的是对经济的影响，即应对人类欲望采取的行动。当从今天的市场经济转向量子范式时，经济学的本质将发生变化，量子范式将根据新的现实和新的世界观反过来影响我们的欲望，这是一段旅程，一段与宇宙自然齐头并进的旅程。在踏上征程时，一场重塑人类的协作就开始了。

无论是新兴的量子范式还是中国文化传统，都认为宇宙不是基于物质，而是基于纯能量。当宇宙每一刻都重新校准和变化时，人类通过观念在宇宙进化中发生作用。量子范式和中国传统对生命的目的看法一致，同时也都认为可持续发展的需要为新时代提供了哲学基础。此外，中国传统还提供了明确的方法论和实际的目标。当一切都自然而然发生，依照我们的预想出现，就没有了压力，我们只关注生存，万物皆美好。

有迹象表明，全世界人民，特别是年轻一代的意识水平正在提高。人类正面临威胁人类物种生存的问题，COVID-19 全球性流行病爆发后，这种意识得以强化。我们需要积极响应，利用发自内心的伟大创造力，创造一个新时代，一个几乎全新的文明。

今天的世界不健康，必须出现一种新常态。人类的领袖们自然会站出来去应对人类面临的问题，也将有人观察和了解这些趋势，并站出来推进觉醒、调整、协作和量子范式的创造，随之而来的将是社会结构的重新设计和生活系统的变革，而这一切将在量子领导力的组织下进行。

我们需要这样的领路人，他们了解这一两难窘境，接受扎根于幸福、意识、具有可持续性的解决方案。我们中的每一个都有一项使命，不要为改变世界而担忧，只要改变你自己，那周围的世界就会自然而然改变。专注于自己，选择你的使命，在不断变化的世界中找到你的角色，它将通过你的激情展现在你面前，并融入你的意识。做一些你认为有意义的事情，那些能够激起你的热情，带给你快乐，同时也能够改变世界的事情，我相信，这就将是你对觉醒和幸福时代的贡献。

亲爱的读者，你们也是如此，明白吗？认识到新时代的迹象和变革的必要性了吗？如果答案是肯定的，你会这样做吗？这就是问题所在。未来是不确定的，你将扮演什么角色？为了成为创造幸福新时代的一部分，这些是你必须做出的选择：如果选择不参与新时代的创造，面临的将是腐朽和毁灭；但是维持现状不是一种选择，我们建议的最佳选择是成为量子领袖，发挥作用，尽最大努力帮助人类过渡到新时代。

这条路就在那里，你们可以开始自己的觉醒之旅，改变意识、齐头并进、共同合作，为人类创造一个新的未来、新的时代，一个社会、政治和经济各方面都可持续的社会。你需要自己作出决定，是否在这条路上迈出你的第一步。

致敬

我和欧文的友谊就像两个流浪者的故事，一个在西方钻研科学范式，另一个在东方探究传统文化范式。电子世界的一次偶然相遇打开了心灵相通的大门，这是友谊的开始。我们在混乱时期建立了联系，在混乱时期，人类统一的世界观需要打破分割的界限。

几年前，我看到一个关于欧文·拉兹洛的短片，短片中他专注于利用科学研究人类思想和精神的进化。他在视频中介绍的新范式，当时对我来说是全新的，欧文的见解为我当时正在思考但仍感到困惑的很多事情提供了一个连接通道，我顿悟了，我所熟悉的各种世界观和文化的点点滴滴联系在一起，照亮了一切。我在欧文的著作中看到了"合一"的机会，可以把人类连接在一个统一的能量里。在理解了他的见解后，我立马看到新范式对人类的价值和潜在影响，我知道我需要立即去见见欧文·拉兹洛。

这次会面花了一段时间，因为他总是在路上，我也是。他经常旅行，我甚至不知道他住在哪里。终于有一天，当时我去伦敦，听说他也在那里，我打电话给他，询问我们是否有可能见一见。

当时正是冬天，我终于收到了欧文的邀请，在蒙特斯库达伊奥见面，那是一个距离他意大利住所很近，将近1000人的小村落。在那里，我们各自做了自我介绍，原计划几小时的会面变成了整整两天的深入探讨，我们就许多议题交换了意见，那是友谊的开始，我们聚在一起实施了许多联合项目和合作。

欧文是一个非常敬业的人，一丝不苟地对待自己的使命。很幸运，他拥有超高效的肌体，拥有一个二十多岁小伙子的心脏、思想和精力。欧文致力于创造新的范式，促进人类找到新的世界观，我认为这对于新时代的人类团结至关重要。这是一种跨越物理学和形而上学界限的世界观，提供了与精神领域奥秘的联系，同时也回答了传统科学无法回答的生存问题。

自从第一次见面以来，我们在亚洲和欧洲多次会面，并一起参加了多次静修活动。我有幸为欧文的许多书贡献了东方视角，他把我介绍给他的大儿子克里斯·拉兹洛（Chris Laszlo），我和他合著了《量子领导力：商业新意识》（*Quantum Leadership: New Consciousness in Business*）一书，2019 年由斯坦福大学出版社出版。之后，我很荣幸地邀请欧文去了中国苏州，2018 年我在那里举办了"合一文化国际论坛"（At One International Conference），致力于人类共同命运的缔造，欧文在论坛上向与会者展示了他的洞见《转变为一个和谐的世界》（"Shifting to a Harmonious World"）。

总而言之，我完全同意欧文的观点：

维持现状不是一种选择……只有彻底改变心态才行，没有外部权威可以强加于它，这种改变必须是普遍的，而且必须来自内部……来自本能和直觉，这些本能和直觉总是在关键时刻引导人类幸存下来……如今，人们对两个因素的兴趣与日俱增：治愈和精神，这二者都在很大程度上取决于我们意识的进化。这方面的积极发展会让人们对于进化意识的兴趣迅速上升，同时在此过程中注入决定我们未来的意识。

欧文的见解在我心中产生了深刻的共鸣，当然，自那时起事态进一步发展，特别是在 COVID-19 影响全球系统以来，欧文所倡导的新范式和新意识变得与我们面临的现状高度契合。与欧文一起，我发现了生命和创造的进化能量之间的关系和共同点，这是一种"合一"的能量，即欧文所描述的"源"，它与东方文化中"道"的概念相呼应，因此我们既有科学引导的外部旅程，也有相对应的文化传统引导的内部旅程。

作为为 21 世纪定义一个全新的经济范式的基础，欧文的工作是统一世界观的科学关键，同时也是开启一个共同语言发展之门的钥匙，能够将人类整合为一个系统。我对他的睿智表示敬意，他的睿智促使他与拉兹洛研究所合作并通过与拉兹洛研究所合作继续献身于为世界创造新的量子范式。

为了继续他和我的努力，将我们的工作成果带到世界各地，我们已经开始了为期三年的合作，以便在实际应用中奠定量子范式及其世界观的基础。我们致力于开发一种基于量子观的科学语言，作为连接文化、信仰体系、信仰和生活方式的新语言，从而使这一新范式为全人类所接受。我们的合作将继续致力于研究和出版能够带来必要的意识转变的作品，在新的幸福时代重新定义新的经济、社会和文化量子范式。我们合著这本书的同时，他正在写他的学术精神自传《我的旅程》（*My Journey*），讲述他生命中标志性的三个"化身"。

我希望我们之间的合作成为欧文生命中的第四次"化身"，在这次化身中，他为一个全新的经济社会体系定义了统一的科学语言，以服务于幸福时代的人类。我希望欧文能够享受 125 年甚至更长时间的健康生活，这样我们就能够更长久地受益于他的睿智。

作者简介

欧文·拉兹洛

　　欧文·拉兹洛（Ervin Laszlo）在布达佩斯出生和长大，是著名的神童，9 岁时就开始作为钢琴家公开露面。在日内瓦国际音乐比赛中获得大奖后，他被允许穿越"铁幕"，在世界各国举办音乐会，开始了他的职业生涯。首先在欧洲，然后他去了美国。1970 年拉兹洛获得了索邦大学的最高学位，即人文科学博士学位，开始了科学家和人文学家的生涯。他在美国的大学举办讲座并授课，包括耶鲁大学、普林斯顿大学、西北大学、休斯顿大学和纽约州立大学。在普林斯顿，拉兹洛完成为世界秩序的未来演变建模的工作之后，作为罗马俱乐部的成员之一，应邀撰写一份报告。20 世纪 70 年代末 80 年代初，拉兹洛应联合国秘书长的邀请在联合国训练和研究所（United Nations Institute for Training and Research，UNITAR）负责全球项目。20 世纪

90 年代，他的研究引导他发现了阿卡西场，至此之后就一直置身于阿卡西场的研究和阐述。

欧文·拉兹洛是 100 多本书的作者、合著者或编辑，这些书以 24 种语言出版，同时他还在科学期刊和主流杂志上发表了数百篇论文和文章。他的自传于 2011 年 6 月出版，书名为《简直是天才！以及我生活中的其他故事》（*Simply Genius! And Other Tales from My Life*）。盖亚电视台制作了一个特别系列节目，讲述他在传统周期中的生活，PBS 电视台以他为主题，制作了一个时长 1 小时的特别节目《欧文·拉兹洛：现代天才的生活》（*Ervin Laszlo: Life of a Modern-Day Genius*）。他是众多科学机构的成员，包括国际科学院、世界艺术与科学院、国际科学哲学院和国际梅第奇学院。2010 年，他当选为匈牙利科学院院士。他是布达佩斯俱乐部的创始人和主席，同时还是拉兹洛新范式研究所的创始人和主任。布达佩斯俱乐部成立于 1993 年，是一个代表着行星意识的国际组织，肩负着促进向可持续世界转变的使命。

拉兹洛获得了各种荣誉和奖项，包括来自美国、加拿大、芬兰和匈牙利的荣誉博士称号，布宜诺斯艾利斯理工学院的荣誉教授和布宜诺斯艾利斯市的荣誉公民身份。他于 2001 年获得日本五井和平奖，2006 年获得阿西西国际和平奖，2015 年获得匈牙利波里希斯托奖，2017 年获得卢森堡和平奖，并于 2004 年和 2005 年分别获得诺贝尔和平奖提名。

曹慰德

　　曹慰德，出生成长于东方，受教见理于西方，是万邦泛亚集团（IMC Pan Asia Alliance Group）的第四代掌舵人。1995 年，曹慰德先生正式接管家族事业，并将其由传统航运企业转型为业务多元化的跨国巨擘。

　　在 40 多年的企业家历程中，曹慰德先生在多元文化的国际市场成功与商业伙伴、各国政府等开展合作。作为国际干散货船东协会（Intercargo）主席，他不畏挑战，将干散货行业从单一的货运重新定位并发展成在全球供应链中发挥作用的航运组织。

　　之后，他又创立了国际家族企业协会的地区分会——亚洲分会（FBN Asia），并担任国际家族企业协会之要职，极力推动探索家族企业在全球体系中的作用。

　　1995 年，曹慰德先生在新加坡创立了东西方文化发展中心，在对现代性和可持续性课题的研究中，他探讨了人类的信仰与文化范式，从而使得他进一步反思了生命存在的问题，认识到人类认知和意识的进化是全世界共同面对的挑战。

　　曹慰德已经用中文出版了 30 多本书，总结人类正处于一个重大的意识转变和新时代的黎明阶段，他主张商业应该改变和改革我们的时代，为此创立了意澄（AITIA）量子领导力中心和音昱讲堂（OCTAVE Institute），一个提升觉知和自由、帮助人们拓展生命维度的平台，为21世纪的幸福生活提供了一条新路径。

2019年，曹慰德与克里斯·拉兹洛共同撰写了《量子领导力：商业新意识》一书，由斯坦福大学出版社出版。同时，他还为欧文·拉兹洛2020年在圣马丁出版社出版的《重新连接到源头》（*Reconnecting to the Source*）一书贡献了一篇文章《重新连接到源头：以中国文化为镜》。

格雷格·布莱登

格雷格·布莱登（Gregg Braden）曾五次荣登《纽约时报》畅销书作家排行榜，他是一名科学家、国际教育家，也是新兴范式（科学、社会政策和人类潜力之间的桥梁）的先驱。

从1979年到1991年，格雷格·布莱登在财富500强公司危机时期是解决问题的能手，直至今日，他继续在解决问题，他的工作揭示了对人类新故事的深刻见解，以及这些发现如何影响日常生活和新兴世界的基础政策。

他的研究列入15部电影的致谢名单中，有12本获奖图书目前以40多种语言出版，同时2020年他还被提名著名的邓普顿奖。他在六大洲的32个国家展示过自己的发现，并应邀在联合国、财富500强企业和美国军方发表演讲。

格雷格是一些科学性和前瞻性组织的成员，包括美国科学促进协会（AAAS）、拉兹洛新范式研究所、伽利略学会、心脏数学全球一致性倡议研究所、阿灵顿研究所。他呼吁国际社会承认和培养每个人的全部潜能和神圣火花，以便共同催化人类历史进程中的及时转变。

狄巴克·乔布拉

　　狄巴克·乔布拉（Deepak Chopra），医学博士，美国内科医师协会会员，乔布拉基金会的创始人，这个基金会是一个非营利性的福利机构和人道主义研究实体。同时他还创建了"乔布拉全球公司"，一个科学和灵性交叉，专注于全面健康的公司，是世界著名的将医学和个人转变相结合的先驱。乔布拉是圣地亚哥加利福尼亚大学家庭医学和公共卫生的临床教授，并担任盖洛普公司的资深科学家。他著有 90 多本书，这些书被翻译成 43 种语言，包括许多畅销书。他的第 90 本书《超人类：释放你的无限潜能》（*Metahuman:Unleashing Your Infinite Potential*）畅销全美，揭开了超越我们目前局限、进入无限可能领域的秘密。在过去三十年中，乔布拉一直站在冥想革命的最前沿，他的最新著作《全面冥想》（*Total Meditation*）有助于实现无压力生活和快乐生活的新维度。《时代》杂志将乔布拉博士描述为"本世纪最杰出的 100 位英雄和偶像之一"。

海瑟·亨德森

海瑟·亨德森（Hazel Henderson），荣誉理学博士，文商学会院士，道德市场媒体公司的创始人，这是一家经认证的 B 级公司。她是世界著名的未来主义者、联合专栏作家，并著有获奖作品《道德市场：发展绿色经济》（*Ethical Markets: Growing the Green Economy*）；另一本《绘制全球向太阳时代转变的地图》（*Mapping the Global Transition to the Solar Age*）现在成为 800 个图书馆的藏书。她早期写的书以 20 种语言在世界各地出版，根据她的书改编的电视连续剧《道德市场》在 www.films.com 网站上针对全球发行。她创建了 EthicMark 奖、绿色过渡记分板、EthicMark GEMS 网站，并与他人共同创建了"道德仿生金融"网站。亨德森曾担任美国技术评估办公室、国家科学基金会和国家工程院的科学政策顾问，她拥有许多荣誉学位，曾在《哈佛商业评论》《纽约时报》《法国世界报外交论坛》以及日本、委内瑞拉、中国和澳大利亚等国期刊上发表文章。作为罗马俱乐部的荣誉会员和世界艺术与科学院院士，在 1996 年，她与诺贝尔奖获得者佩雷斯·埃斯基维尔共同获得全球公民奖；2007 年，她被选为英国皇家艺术学会会员；2012 年，获得路透社 ESG 与投资杰出贡献奖；2013 年入选国际可持续发展专业人士协会名人堂；2014 年，再次被全美信托公司评为"值得信赖的商业行为 100 强思想领袖"。

珍·休斯顿

珍·休斯顿（Jean Houston）博士是一位创新学者、未来主义者，也是人类能力、社会变革和系统转型方面的研究人员。她是"人类潜能运动"的主要创始人之一，也是我们这个时代最有远见的思想家和实干家之一。她一直是世界各地赋予妇女权力运动的关键人物，并通过"协同来源基金会"获得了"2020 协同超级巨星奖"，以表彰她激励我们去获得人类最高能力的出色工作。休斯顿博士是一位有影响力、充满活力的演说家，因讲述神话故事的天赋而闻名，她与世界各地的领导人和变革代言人举行会议、研讨会和指导计划。

她在四十多个文化区域进行了深入的工作，在一百多个国家演讲，并与联合国儿童基金会、联合国开发计划署和美国宇航局等主要组织合作，帮助全球一些国家的领导人、领先的教育机构、商业组织和数百万人增强和深化自身的独特性。她已出版 34 本书。休斯顿博士是莫瑞迪安国际学校校长，曾就职于哥伦比亚大学、亨特学院、马利蒙特学院、社会研究新学院和加利福尼亚大学。休斯顿博士还是美国人文主义心理学协会的主席。

布鲁斯·利普顿

　　布鲁斯·利普顿（Bruce H.Lipton）博士，细胞生物学家和讲师，他在科学与精神之间架构起了一座桥梁，是国际公认的这个领域的领导者。布鲁斯曾就读于威斯康星大学医学院，后来在斯坦福大学进行了开创性的干细胞研究。他是畅销书《信仰生物学》(*The Biology of Belief*)、《蜜月效应》(*The Honeymoon Effect*)的作者，并与史蒂夫·贝尔曼合著了《自发进化》(*Spontaneous Evolution*)一书。2009年，布鲁斯获得了著名的五井和平奖（日本），以表彰他对世界和谐所做出的科学贡献。

野中知世

野中知世目前是日本东京盖亚倡议组织的创始人和主席，该组织成立于 2007 年，是一个非营利组织，倡导社会核心价值观的转变，并开展各种形式的教育活动、社区活动和对企业项目的支持。

野中还担任其他一些职务，她是几所日本大学的访问学者和讲师，包括日本中部大学、志学馆大学和白百合女子大学；自 2015 年以来，她一直是罗马俱乐部（瑞士温特图尔）的正式成员，并于 2017 年至 2020 年担任执行委员会成员；她是"日本世界转变网络"组织的创始人和董事会成员。

在此之前，她曾担任日本大阪三洋电机有限公司的主席和首席执行官，此外，她还曾担任朝日啤酒、三井不动产（房地产公司）、广播公司、优利系统公司等多家大型日本企业的董事或顾问。在担任日兴金融研究中心智囊团主席期间，她成立了基金会"金融素养促进会"。20 世纪 80 年代和 90 年代，野中知世曾是一名记者和电视节目主持人。在日本国家电视台 NHK，她有自己的节目，涵盖了从国际政治、经济到体育的许多话题；在东京电视台，作为主持人，她在《世界商业卫星》节目中报道每日世界金融商业新闻。

她曾是多个政府工作小组的成员，如中央教育委员会、法务省委员会和财务省委员会，财务省委员会负责监督日本政府年度预算流程方面的财政系统，并评估年度预算是否清晰。

知世拥有日本上智大学的新闻硕士学位。